优良脐橙品种

良芦柑品种

U0352786

良品种黄金梨

1

优质无核葡萄克瑞

紫色樱桃
品种浜库

优良板栗品种
九家种

燕山红果板栗
结果状

优良品种
沾化冬枣

樱桃优良
品种红灯

3

果树换优多头高接状

多头高接沾化冬枣
当年生长状

二、安全防病治虫

弥雾式打药机
（赵亮提供）

4

弥雾式打药机喷药状
（赵亮提供）

药剂涂干防治板栗
红蜘蛛操作状

除苗木病毒的高温
处理培养箱

5

叶果比合适的苹果树能生产优质果（赵亮提供）

结果过多，树势衰弱，影响果实的品质

宽行密植、篱壁式整形的果园光照条件好

用绳子牵拉开张枝条角度，
使叶片得到充足的光照

光照充足的宽行密
植梨园（一角）

猕猴桃小棚架栽培光照好

果园铺反光膜
增加光照强度

7

用机械开挖施肥沟并进行
园地耕翻（赵亮提供）

在果树行间种植绿肥
作物，多施有机肥

在果园实行滴灌，采用
先进灌溉方式

果品优质生产技术

高新一　王玉英　编著

金盾出版社

内 容 提 要

本书专门介绍怎样生产优质果品的综合实用技术,由北京市农林科学院林果研究所高新一研究员、中国科学院植物研究所王玉英研究员编著。内容包括:一、果品优质生产的重要性和现状;二、因地制宜发展优良品种是优质果品生产的可靠基础;三、安全有效防治病虫害是优质果品生产的重要保证;四、正确处理产量与质量的关系是优质果品生产的有效措施;五、改善光照条件是优质果品生产的先决条件;六、科学管理土、肥、水是优质果品生产的根本措施;七、做好采收、包装、贮藏和保鲜工作是优质果品生产的必要环节。全书内容丰富,技术先进,经验实用,叙述精辟,见解深刻,通俗易懂,图文并茂,可读性和可操作性均强。适合广大果农、园艺技术人员和农林院校有关专业师生学习使用。

图书在版编目(CIP)数据

果品优质生产技术/高新一,王玉英编著.—北京:金盾出版社,2007.3
ISBN 978-7-5082-4454-9

Ⅰ.果… Ⅱ.①高…②王… Ⅲ.果树园艺 Ⅳ.S66

中国版本图书馆 CIP 数据核字(2007)第 004729 号

金盾出版社出版、总发行
北京太平路 5 号(地铁万寿路站往南)
邮政编码:100036 电话:68214039 83219215
传真:68276683 网址:www.jdcbs.cn
彩色印刷:北京精彩雅恒印刷有限公司
黑白印刷:京南印刷厂
装订:桃园装订厂
各地新华书店经销
开本:787×1092 1/32 印张:5.5 彩页:8 字数:117 千字
2012 年 1 月第 1 版第 4 次印刷
印数:27 001~32 000 册 定价:10.00 元

前　言

优良的质量,是果品生产的生命。果品生产的存在、发展和壮大,都是以果品的优良质量为基础的。可以毫不夸张地说,没有优良的质量,果品生产也就失去了存在的意义。过去是这样,现在是这样,将来更加是这样。

我国果树种植面积,在最近20多年来发展很快,果品产量不断上升,市场上不少果品已经供大于求。现在,人们需要的不仅仅是数量足够的果品,而是需要花色品种更多、质量更高的果品。我国果品还需要进一步打入国际市场。要提高我国果品在国际市场上的竞争力,也必须发展优质果品。

目前,影响我国果品质量的问题是多方面的。首先是在品种上,劣质品种还占有很大的比例。另外,果树病虫害相当严重;生产管理上很多果园没有做到科学施肥,合理灌水,果园光照条件也差;在采收、采后处理、包装和贮运等环节中,也都存在不少问题。因而严重影响果品的质量。为了提高果品的质量,本书在提出所存在问题的同时,介绍了一些国内外先进的技术措施,作者出国访问的一些收获与体会,以及自己几十年从事果园工作的一些经验和教训。书中重点介绍了品种的发展方向和趋势,高接换种的方法,病虫害防治措施,质量和产量的关系,改善果园的光照条件,正确管理肥水的措施,以及合理采收、精心处理、认真包装和贮藏等方面的关键技术。

我国有丰富的果树资源。美国原园艺学会理事长劳森教授在华考察时曾称"中国是果树的母亲",很多优良品种起源于中国。这是对中国果树生产在世界上地位的肯定,也是对中国丰富果树资源的肯定。我们应该珍惜和发挥自己的区位优势,优化种质。另外,我国人多地少,广大果农有精耕细作的丰富经验。我们没有理由在果品质量上落后于其他国家,而必须迎头赶上,使果品生产有一个质的飞跃。

果品质量涉及多方面的问题。要把这个问题讲深讲透是很不容易的,而且也受到篇幅的限制。所以,书中有些问题叙述得不够深入,不够全面。而且言语也难免偏颇失当,甚至有错误之处,希望读者提出宝贵意见,以便改正。愿本书的问世,能为提高我国果品的质量,贡献一点绵薄之力,这是我们的莫大荣幸。

作　者
二〇〇七年元月

目 录

一、果品优质生产的重要性和现状

(一)我国果品生产概况和当前果品质量上存在的问题

我国果树栽培面积在 20 世纪 80 年代前后,随着农村实行土地家庭承包责任制,农民有了种植自主权,很多地方掀起了发展果树的高潮。到 2000 年,我国果树栽培面积达 830.1 万公顷。全世界水果面积为 4 782.2 万公顷,我国的果树栽培面积占 17.36%,为世界第一位。我国种植面积占世界第一的果树有:苹果为 230.3 万公顷,占世界苹果总面积的 40.99%;柑橘为 161.7 万公顷,占世界的 21.67%;梨为 95.4 万公顷,占世界的 61.64%;桃为 90.8 万公顷,占世界的 52.10%;柿为 21.4 万公顷,占世界的 76.70%;核桃为 16.8 万公顷,占世界的 30.53%;板栗为 4.6 万公顷,亦为世界第一位。

从产量上看,2000 年我国果品产量为 6 611.5 万吨,占世界果品总产量 45 580.2 万吨的 14.51%。就国内而言,其中苹果的产量占全国水果总产量的 34%,柑橘占 18%,梨占 12%,香蕉占 8%,桃和李各占 5%,葡萄和杧果各占 4%,柿和菠萝各占 2%。苹果的年产量为 2 206.0 万吨,梨为 816.5 万吨,桃为 357.7 万吨,李子为 343.7 万吨,柿为 164.4 万吨,核桃为 30 万吨,以上树种果品的产量均占世界第一位。板栗年产量为 11.8 万吨,杧果为 256.2 万吨,二者均为世界相同果品产量的第二位。柑橘年产量为 1 178.2 万吨,香蕉为521.6 万吨,二者均为世界相同果品产量的第三位。

由于 20 世纪 80 年代前后,我国出现了发展果树的高潮。到 21 世纪,这些果树已是十几年生,正进入结果盛期,产量还在不断提高,市场上有些品种已形成了供大于求的局面。我国的主要水果如苹果、梨和柑橘市场上,出现了滞销现象,售价下降。以"红富士"苹果为例,1990 年每千克的价格约为 10元,而近几年下降至每千克 2~3 元。浙江温州蜜柑的价格情况也是一样,下滑得很厉害,不少地区的田头售价降至每千克1 元以下,有的挂在树上无人采收,让果实落地腐烂。国内市场供大于求,应该积极组织外销和加工。但是,由于果品质量差,从果实外部形态、大小、色泽等外观状态,到内部品质,包括肉色、肉质细嫩、松脆程度及可溶性物质糖酸含量、香味与口感等内在品质,以及分级包装、保鲜、贮藏和运输等环节,都与国外发达国家的果品有较大的差距。虽然我国是水果生产大国,但并非是生产强国。我国水果占国际市场水果的份额很少,而且价格低廉,竞争力差。随着人民生活水平的提高,国内市场也急需优质无公害绿色果品。目前,优质优价表现日趋明显。以梨为例,鸭梨和雪花梨在北京市场的售价为每千克约 3 元,而新品种黄金梨和优质京白梨的售价则为每千克约 5 元;新疆的库尔勒香梨每千克约 10 元。据库尔勒地区果农反映,他们的香梨供不应求,很早就有很多商家客户来定货。从以上事实可以看出,优质优价已被广大消费者所认可。

根据我国果品发展的情况,可以把发展的重点分为两个阶段。第一个阶段是以产量为主要目标的发展阶段。在这个阶段,市场上很多果品供不应求,市场需求动力促进了果树栽培面积的扩大和单产的提高。在 2000 年之前,基本上属于这个阶段。第二个阶段是在 2000 年以后,是以提高果品质量为主,同时增加花色品种的阶段。在这一阶段,以优质果品占领市场,并迅速拓展国际市场,使果品远销海外。

(二)优质果品的标准

以前,果品的质量分级往往以果实的大小为标准:一般大的为一级果,中等的为二级果,小的为三级果。也有的按颜色来分级。有一句老话叫"货买一张皮",可以用它来概括这种分级方法的特点,"皮"好等级就高,"皮"孬等级就低。这种区分果品优劣的标准是不正确的。如近几年桃子长得很大,颜色也很鲜艳,但群众反映是好看不好吃;猕猴桃几乎个头越来越大,但味道却越来越差;草莓大的不如小的品质好,等等。这说明人们对如何提高果品质量还没有科学的认识。优良果品的质量标准应包括以下三个方面:

1. 商品品质优良

果品的商品品质,包括果品的外观,比如果实的形态、大小和颜色等;果品的口感风味,主要是甜度和酸度,糖酸的合适比例及果品的特殊味道和香气,应该说风味好坏是商品品质的核心;还有果品的贮藏性,群众买后即能吃或可放很长时间品质仍能保持良好等。这类果品即具有良好的商品品质。

2. 营养品质优良

果品的营养品质,是指果实中维生素、糖类、蛋白质、脂肪、纤维素及各种矿物质的含量。这里所含维生素最重要,主要包括:抗坏血酸(VC)、硫胺素(VB₁),核黄素(VB₂),尼克酸(VPP)和胡萝卜素等。矿物质包括钙、磷、铁、锌和硒等人体需要的物质。

3. 卫生品质优良

果品的卫生品质,主要是指不能有农药和重金属等污染物。出口国外的农产品,对污染物检测越来越严格。为了保证人民的身体健康,我国也已经制定了有关的检测指标。要生产绿色无公害的果品,除防止农药污染外,还有汞、铅、砷、铬、铜、镉等重金属含量,也都不能超标。

(三)影响果品质量的因素

影响果品质量的因素很多,其各个因素与果品优质生产的关系,如图 1 所示。

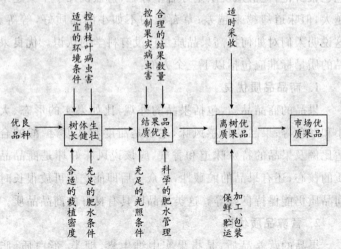

图1 影响果品优质诸因素的关系

从图 1 中看出,为了提供市场所需要的优质果品,首先要发展优良品种,优种是优质的基础。但是,发展优良品种一定要因地制宜,必须考虑到温度、湿度、雨水和土壤理化因素等自然条件是否适宜该品种的发展。不能盲目引种。同时,要发展各地区的特产树种和品种,形成地区优势和品牌。要保证果品优质,必须首先要使果树生长健壮。母大子肥,无论是动物还是植物,都是一个道理。要有合适的种植密度,充足的肥水条件,还必须控制枝叶的病虫危害,使植株根深叶茂,才能使果树正常结果。对于结果期的果树,要控制果实病虫害,要有合理的树体结构,保证有充足的光照条件。同时,果树的果实数量及果园的产量要合理,不能盲目追求产量的增加。在肥水管理方面,要注意测土与配方施肥,特别要控制氮肥过多,做到平衡施肥,才能确保果品的质量。还要做到科学采收和适时采收,对果品进行保鲜、贮藏、加工和包装,才能确保上市果品的质量。

以上每一个环节都是不可缺少的。但是,对每个果园来说,往往某一个环节是主要的,只要抓住这个主要矛盾,就能提高果品的质量。必须对影响果品质量的各个环节进行具体的分析,对该环节中如何提高果品质量的问题,进行探讨和研究,从而提出相应的对策,对于提高果品生产的经济效益和社会效益,促进果树生产向更高层次的可持续发展,具有非常重要的意义。

二、因地制宜发展优良品种是优质 果品生产的可靠基础

要提高果品的质量,首先要有优良品种。如果品种不好,栽培管理再好,也不能生产出优质果品,这是品种的遗传特性所决定的。由于果树的种类繁多,这里重点谈一下优良品种发展的趋势和特点。

(一)果树树种要配置合理并注意名、 特、优树种的发展

我国苹果、柑橘和梨三大果树的栽培面积占到果树面积的 67%。这个比例太大,应当适当调整。调整时,可以压缩鲜食品种而增加加工品种,并适当扩大樱桃、杏、石榴、葡萄、草莓、枇杷、杨梅、核桃、香榧等果树的栽培面积。特别应发展各地的名、特、优产品,例如荔枝、龙眼、枇杷、杨梅和香榧等我国的特种果树。在品种方面,如江西的南丰蜜橘,福建的漳州椪柑,新疆的库勒尔香梨,河北的燕山板栗,山东的沾化冬枣和肥城桃等,这些品种富有地方特色,又闻名世界,应重点发展。

(二)实生繁殖的果树要加速实现品种化

有些果树,以前主要是用种子繁殖,后代表现在品质等性状上有严重分离。例如,在 20 世纪 60 年代,华北地区大力发展新疆核桃,从新疆采种进行播种。实生苗栽培几年以后表现出严重分离,几乎每一棵都不一样:有的具早实性,种后 2~3

年就结果,有的10来年还不结果;其核桃果实形状不一致,有卵圆形的、椭圆形的,也有近似圆形的;核桃壳的厚薄及质地差异很大,出仁率高的达70%,低的只有30%。大连经济林研究所等单位从新疆核桃中选育出了结实早、壳极薄、出仁率高的优质核桃,例如,辽核1号、辽核4号、薄壳香、鲁光、中林1号和陕核1号等。应通过嫁接繁殖,使核桃实现良种化。

核桃在20世纪50年代,是我国重要的出口商品。在欧洲,人们每年圣诞节都有吃核桃的习惯。我国的核桃在欧洲占有很大的市场。但是,由于美国核桃实现了良种化,他们出口的"钻石"等品牌核桃表现一致,商品性强,而我国的核桃大小、形状、壳的厚薄不一致,还有夹皮核桃,取不出较完整的核仁,加工和取食都很困难。因此,我国核桃在欧洲市场的竞争中失败,被美国核桃所取代。其实,我国核桃有些优良单株,其所产核桃的品质超过美国的核桃品种,应对其加强研究和开发。例如,目前选育出的良种,不仅品质好,营养丰富,壳薄,易加工,出仁率高,用手一捏就能剥出整仁,而且核桃仁香而不涩。这类优种核桃应该通过嫁接形成无性系,或通过高接换头,把劣种核桃树迅速改成优良品种,形成新的品牌,使核桃商品性达到整齐一致,以便最大限度地满足国内外市场的需求。

对板栗,人们以前习惯用种子来繁殖。近20多年来,板栗良种化有了很大的进展。但在经济欠发达的深山区仍然采用种子实生繁殖,同时有很多劣种大板栗树尚未改造。在这些地方,应进一步学习普及嫁接技术,通过嫁接发展各地已选育的板栗良种。在选育良种方面,不宜过分地追求栗实的个大。在国际上,日本板栗是大型栗子,每千克不足60粒,但是品质较差,同时在种仁外的一层褐色涩皮也不能自然剥离。我国南方地区的一些大型栗子,也有相似特性。日本进口我国的板栗,主要是河北北部的燕山栗子。这种栗实较小,每千克约140粒。较小的栗子可以加工成糖炒栗子,质地糯性,香味浓,含糖量高,含蛋白质量也高,同时褐色涩皮连在果皮上与种仁易脱离,食用方便。

在南方地区,九家种板栗个头相对较小,但品质好;雄花小而少,消耗营养少;表现为优质丰产,且适应性较强。因此它是应该重点发展的板栗品种。北方板栗优种有燕山红栗、燕昌栗、早丰和红光栗等。除以上核桃、板栗外,干果中的榛子和香榧,生产上也是实生繁殖的。

榛子是制造巧克力高级糖果的重要原料,我国主要是野生榛子,都是实生繁殖,其表现是果实小,品质差,并且每一棵树都表现不一样,商品性很差。目前,我国的平榛和欧洲榛子杂交成功,培育出几个适宜我国发展的优良品种,如平顶黄、薄壳红、达维、金铃和玉坠等品种。应该采用嫁接的方法,把实生榛子树改接成优良品种的榛子树。

香榧,是我国的特产,也是长期采用实生繁殖,因而后代分离严重,品质和产量差异大,而且香榧是雌雄异株,几乎有一半是不结果的雄株。其实,作为授粉树不必太多,有1%～2%就能满足授粉的要求。其余的雄株,可以改接成雌株。香榧实生树结果很晚,一般要10～15年才开始结果。如果用实生大砧木嫁接上优质品种,实现良种化,接后2～3年即可结果,同时,还可进一步提高品质。因此,实生大砧木嫁接在香榧生产上具有重要的意义。

我国南方的热带果树,有不少也是采用实生繁殖的。例如,木菠萝和橄榄等树种,必须加速实现优种化。这样,即可很快提高其果品的品质。

木菠萝又叫菠萝蜜,是具有大型果实的热带果树。由于木菠萝多用实生繁殖,其植株之间的果实个体差异很大,成熟期也有早有晚,还有一年摘收多次的四季菠萝蜜;其果肉有的爽脆味甜香,有的柔软而甜滑,但也有的味酸或淡而无味。木菠萝的优良单株,需要进行系统的观察和繁殖,以实现优种化,很快提高木菠萝的品质。

在橄榄的栽培上,主要也是实生繁殖。实生繁殖的橄榄树,开始结果晚,各单株之间的果实品质有很大差别。现在,在重点产区已有一些优良橄榄品种,例如福建闽清和闽侯县的檀香橄榄和惠圆橄榄,广东增城市的黄肉榄和油榄等优良品种,都应采用嫁接法,将实生的橄榄树改接成优良品种树。

(三)加强良种引种工作

引种工作,包括从国内和国外引种优良品种两个方面。由于各地的气候、土壤条件有很大差别,因此,不能盲目引种。为了确保引种成功,必须从小到大地逐步发展。科学的引种工作是发展优种的有效方法。下面谈谈几个主要树种的引种问题。

1. 柑橘良种引种

柑橘是世界上产量最大的水果。在我国,以前柑橘栽培面积不大,经过 20 世纪 80 年代以来的大发展,到 2000 年其栽培面积已达 161.7 万公顷,跃居世界首位,产量为 1 178.2 万吨,暂低于美国和巴西,居第三位。由于以前柑橘市场供不应求,因而价格很高。20 世纪 80 年代,我国农民承包土地,可以自由种植农作物,南方各省、自治区的柑橘生产因而大发展。当时,由于柑橘苗木缺乏,果农见苗就种,不重视选择优良品种,从而产生不少问题,主要有以下两方面:

第一,品种结构不合理。世界上柑橘业中甜橙占主导地位,占柑橘总面积的 70% 以上。而我国的甜橙栽培面积却只占本国柑橘面积的 20.5%。甜橙类的最大优点是果皮较厚,较难剥皮,瓤瓣也不易分离,因此,贮藏、运输性能特别好。其果汁含量丰富,酸甜适度,风味浓郁,维生素 C 的含量比宽皮橘类高 1 倍,因而不仅是鲜食的主要柑橘果品,而且是加工制汁的主要原料。我国柑橘中,宽皮柑橘比重最大,占 72.8%。宽皮橘不耐贮藏和运输,而成熟期却很集中,每年在贮运过程中有大量果实霉烂,造成很大的损失。其余柚类占 3.6%,金柑等品种的比例不足 3%。

第二,柑橘的良种率低。目前,我国柑橘优质果率相当低,理想的良种仅占总产量的 30% 左右。温州蜜柑约占宽皮柑橘的 60%,而温州蜜柑中的尾张品种占约一半。尾张是一个老品种,虽然丰产稳产,适应性强,但风味品质中等,在市场上缺乏竞争力。另外,我国红橘品种的比例也很大,其品质更差。同时,这些老品种病虫害严重,特别是病毒病更为突出。因此,我国柑橘品种的改良是一个重要的任务。

美国的甜橙在国际上是领先的,特别适合于鲜食和加工制汁。借鉴这一经验,我国在交通不便的山区,应以发展柑橘果汁加工工厂为龙头,由企业带动柑橘业生产的发展。这是使贫穷山区走向富裕的一条成功之路。我国所引进的美国甜橙,适合我国发展的品种不少,如华盛顿脐橙,以及华盛顿脐橙的芽变品种朋娜脐橙,还有哈姆甜橙和纽荷尔脐橙。还有日本从华盛顿脐橙中选出的芽变品种大三岛脐橙等,也适合我国发展。总之,柑橘类进一步品种优质化的方向,是要发展甜橙类,特别要重视加工用甜橙品种的发展。因为随着我国人民生活水平的提高,果汁饮料将成为必需品,其中水果原汁——橙汁,一般为首选饮料,需求量将会很快增长,这是一个主要的发展趋势,要予以高度的关注。

2. 葡萄良种引种

在国际上,葡萄的栽培面积和产量仅次于柑橘,居第二位。在我国，葡萄的栽培面积相对比较小，其实我国的气候条件，特别是西北地区的气候条件，是非常适合葡萄生长和结果的。我国西北地区，生长期气候比较干燥，光照条件好，葡萄病害少，光合作用效率高，同时白天气温高，而晚上温度低，昼夜温差大，有利于果实糖分的积累，提高果品的质量。由于我国西北地区一般交通不便，因而适合发展葡萄的加工品种。

在欧洲，葡萄是种植面积最大的果树。当地葡萄主要用于酿制各种葡萄酒，葡萄酒可代替酒精含量高的白酒，能节省大量的粮食，对人体的健康也大有好处。葡萄酒的质量好坏，主要取决于葡萄的质量。优质的加工型葡萄，才能酿造出优质的葡萄酒。欧洲的加工葡萄，特别是法国有专门的研究所。笔者考察了法国波尔多葡萄研究中心，那里有很大的科研队伍，培育出很多优良葡萄品种，我国从这里也已引进了一些葡萄品种，应该进一步进行试种、改造和发展。目前，我国栽培最多的法国品种，如赤霞珠（别名解百纳），酿制的葡萄酒呈宝石红色；梅鹿特（别名梅尔诺），也是制干红葡萄酒的优质原料；霞多丽（别名诺霞多丽），可酿制干白葡萄酒。另外，意大利的意斯林品种（别名贵人香）和雷司令品种，是酿制葡萄酒和白兰地的优质原料。德国的雷司令品种（又名白雷司令），也是酿制干白葡萄酒的优质原料。

我国发展葡萄，应以葡萄酒厂为龙头，用企业来带动农民种植酿酒葡萄。要和农民签订订单，让果农按订单保质保量地提供葡萄产品，工厂要根据订单按质论价，保证收购。这样，果农可放心种植而不必为销售耗费精力。应该说，这是我国发展葡萄的主要方向。另外，在鲜食葡萄方面应该大力发展无核葡萄。无核葡萄食用方便，含糖量高。由于这种葡萄节省了形成种核的营养，因此，它在果实品质提高方面比有核葡萄更有潜力。

在国际上,鲜食葡萄都向无核化发展。以前有些无核葡萄是在花期用赤霉素处理而形成的。近10多年来,国外培育了不少无核葡萄品种,不需要用赤霉素进行处理,即可结出无核果实,果实无核成了其品种的固有特性。这显然是值得推广的鲜食葡萄优良品种。

美国在无核葡萄的研究上,处于国际领先地位,已培育出很多无核优良葡萄品种,如奇妙无核、超级无核、无核白鸡心、墨雷莎无核、皇家秋天和克瑞森无核等。日本也研究出无核大粒葡萄品种立川无核。对于以上无核葡萄品种应加速引种和发展。我国新疆的无核白品种,虽然果粒小,但品质很好,是良好的生食及制干品种,也应进一步发展。

3. 苹果良种引种

苹果是近100多年来从国外引进发展的果树。开始主要在山东半岛的烟台和辽东半岛的大连地区栽培,现在全国各地几乎都有发展。从苹果品质来看,以陕西和甘肃一带引种发展苹果的品质为最好。这主要是与秋季果实成熟期日照充足、昼夜温差大的生态条件有关。在这种环境中,苹果树光合作用效率高,糖分积累多,有利于果实上色和风味的提高。

从品种来看,日本的红富士在我国表现良好。例如,我国陕北地区生产的红富士,如今已开始外销,受到外国商人的青睐。目前,红富士苹果在国际上都认可是最优良品种之一。例如在加拿大,红富士苹果的市场价要比新红星高1倍左右。所以,我国苹果的主栽品种在品质上没有问题,是很有发展前途的。

目前,苹果品种还比较单调,早中熟品种偏少。另外,苹果的病虫害特别严重,已经成为影响苹果品质的重要因素,要发展抗病虫害的品种。如美国的藤牧1号苹果,对蚜虫抗性强,又抗早期落叶病;美国8号苹果成熟期也较早,品质优良,且抗病性强；还有新嘎拉抗白粉病、轮纹病和早期落叶病。沈阳农业大学培育的寒富苹果，是极耐贮藏的优质晚熟品种，抗蚜虫、红蜘蛛和早期黄叶病，很有推广发展的价值。

4. 樱桃良种引种

我国的樱桃有两大类：一类是中国樱桃，又称小樱桃。另一类是欧洲甜樱桃，又称大樱桃，品质好，个头比中国樱桃大几倍。目前，需要发展的是大樱桃。

我国大樱桃品种以前主要有那翁和大紫，以后发展了由大连农业科学研究所用欧洲甜樱桃杂交选育而成的品种，例如红灯、红艳、红蜜、巨红和佳红等品种。这些品种在华北地区表现较好，不少地区以红灯为主栽品种。近几年，我国从国外引进了拉宾斯、斯坦拉、雷尼和佐藤锦等品种。现在，大樱桃的品种很多，颜色以红色为主。但在美国和加拿大等国，大樱桃是以紫色樱桃为主，风味比我国产的樱桃好且甜，其品种主要是滨库。滨库品种虽然是一个古老品种，但品质优良。我国也应该加以发展这种大樱桃品种。大樱桃果实的颜色，与采收期也有关系。例如品质优质的拉宾斯，采收晚一些也是紫色的，而且品质能明显提高。

5. 杧果良种引种

杧果是热带著名水果。我国杧果是在最近20年发展起来的。1985年以前，只有海南和云南西双版纳等少数地区有种植。因为其大多数品种花期遇到低温阴雨会形成花而不实、"十年九不收"的状况，影响了果农发展杧果的积极性。1980年以后，广西农业科学院，选育了以紫花杧果为代表的一批开花迟的品种，能躲过早期的低温和阴雨，基本解决了只开花、不结果的问题。1985年以后，大面积推广紫花杧果等品种。由于紫花杧果果实外观不错和当时市场价格的推动，使两广杧果得到迅猛发展。到1995年，全国杧果种植面积达

5.34 万公顷,产量也很快增长。

在我国杧果快速发展的同时,生产上出现了不少问题,特别是品种混杂,主栽品种质量较差的问题比较突出。紫花杧果与国际上的优种杧果相比,其风味淡、偏酸,果实成熟后易发生炭疽病,采前落果很严重,同时市场价格下降,影响了果农生产杧果的积极性。

近几年来,我国引进了一些国外杧果良种。另外,大陆地区也从台湾省引进了良种杧果。从引种试验结果看出,不少引入的杧果品种表现良好,有的远远超过已有的品种。从台湾引进大陆的杧果品种,如台农1号、台农2号和金煌1号等品种,花期也较晚。台农1号还有多次开花的习性,从而提高了坐果率。其果实向阳面呈粉红色,非常美观,肉质细嫩,汁多纤维少,甜而香味浓,同时抗病耐贮运,是目前值得推广和高接换种的优良杧果品种。除从台湾引进大陆的品种外,还有从泰国引进的优良品种,如青皮杧和白象牙杧等品种,也都可以推广和发展。

6. 杏良种引种

杏原产于我国。我国的杏品种很多,但不少生食杏品种果实小且品质差,有些不耐贮运,也有些大果类优质品种,但常因授粉不良和晚霜冻害,而引起落花、落果。目前,我国保护地大规模发展杏树,晚霜冻害已不能妨碍保护地杏树的生长发育,但授粉往往困难,妨碍坐果率。

近几年来,我国从美国引进早熟的优种金太阳和凯特杏,这两个品种都能自花授粉,在大棚或温室内不必要采取配置授粉树或养蜂授粉等措施,即可自花授粉,而且坐果率还高。如果在室外栽培,花期遇到−5℃低温时,照常能坐果,从而解决了"十年九不收"的问题。同时,金太阳极早熟,品质优良。凯特杏是特大型优良品种。各地可以试种发展。

7. 李良种引种

我国李的栽培面积和产量,都居世界第一位。但是,在品种上是以地方品种为主,一般果实偏小,品质较差。近十几年来,从国外引进一批优良的李品种,其中不少表现良好。例如,从美国引进的有莫尔特尼、黑宝石(布朗李)和尤萨李,从欧洲引进的蓝蜜李(罗马尼亚李),从澳大利亚引进的黑琥珀,从日本引进的大石早生等优良品种,各地都可以试种和发展。

8. 草莓良种引种

草莓,近几年发展很快。草莓优良品种大多数是从国外引进的。随着我国温室和塑料大棚草莓的发展,以及草莓在南方地区云南和四川等地的发展,选择使用了抗湿、抗病的草莓品种。要提高草莓的品质,在引种时不能仅追求鲜红美观的果实外形。还必须提高果实的内在质量。如从日本引进的春香和丰香草莓,一直表现品质良好。但也有一些引进的草莓品种,虽然外表鲜红艳丽,果实个大,表现丰产,但酸味重,甜味淡,品质较差。如达娜和明星等品种。

近几年来,北京市农林科学院林果研究所引进美国的品种表现良好。目前采用组织培养的方法,已大量发展无病毒种苗。其中主要的优良品种如下:

钙维他:果实风味好,大小整齐一致,平均单果重50克,大果重72克,产量高,株体矮小,品质极优。对环境适应性强,抗潮湿,抗霉菌和炭疽病。适合保护地和露地栽培。

斯维特查理(甜查理):果实成熟期早,品质优良外观美丽,平均单果重50克,大果重83克,抗潮湿和抗病性强。适合我国南方地区引种栽培。

在引种工作中,一定要做到因地制宜。要注意新品种所在国家地区的温度,其最高、最低温度要和引种地区基本相符合。降水量和温度条件也不宜相差太大。如果引种地雨水少,则必须有灌溉条件。但如果原产地气候干燥,而要引入雨水多、湿度大的地区,则一般不适宜。对立地条件、土壤酸碱度、土壤质地和肥沃程度也要注意,使引种果树能生长结果良好。另外,在引种时不但要注意所引种品种的品质、产量和产值,还要注意其抵抗病虫害的能力。发展抗逆性强的优良品种,这一点非常重要。例如,从美国引进的红地球(红提和晚红),这几年在华北、东北地区发展很多,但在有些地区却表现抗病性差,病害很难控制。由此可见,抗逆性的强弱,是引种时千万不可忽视的问题。

为了保证引种成功,最好的方法是要先试种后发展,由点到面,逐步推广。因为果树是多年生的植物,种植后生长结果的时间有几十年,如果引种失败,果农的损失就很大。所以,不能盲目引种。搞好科学引种,这也是研究单位的一项重要任务。

(四)发展名、特、优乡土品种

科学引种,特别是引进国外的优良品种,来达到果品优种化,这是提高果品质量的重要途径。我国是一个果树资源丰富的国家。美国的劳森教授来我国讲课时,第一句话就说:"中国是果树的母亲",因为很多果树起源于中国而后发展到全世界。这是毋庸置疑的事实。但是,由于长期以来,我国科学研究滞后,很多国家的果树生产反而超过了我国。例如,猕猴桃原产于我国,被新西兰等国家引进后,通过研究与改造,新西兰培育出新品种海沃德,成为世界各地猕猴桃的主栽品种,在国际市场上占据了统治地位。又如柑橘,日本引进我国的温州蜜柑后,加以改造,先后培育出桥本、崎久保、宫本、山川、上野和高林等一系列优良品种。由此可见,必须重视我国的名特优乡土品种,充分利用丰富的果树资源基因库采用高新生物技术,进一步开展研究,对原有的乡土名、优、特品种加以改造和提高,选育新的品种,满足本国及世界各个方面的需求。

1. 荔枝名、特、优品种的发展

我国荔枝近十几年发展很快。以前荔枝生产上多采用实生繁殖,表现出开始结果晚,品质良莠不齐、劣种比例很大。但是,荔枝园形成了天然的杂交园,在自然杂交过程中,也出现了少数优良单株,可进一步发展成优良品种。由于 20 世纪末荔枝在短期内大量发展,造成荔枝园品种单一、不利于异花授粉的状况,同时果实成熟期也过于集中,使市场上的荔枝果实一时供大于求,难以销售,而其它季节则无荔枝供应。

荔枝的优良品种除公认的桂味、糯米糍、妃子笑、白蜡、白糖罂和高怀子等良种以外,还应发展一些珍、稀、优品种。例如,海南用实生变异单株发展起来的无核荔,果实无核,但果肉发育正常,不需要授粉树就能丰产、稳产。特别是它含糖量高,品质好,又食用方便,深受消费者的欢迎。这是应该大力发展的荔枝新优良品种。另外,海南还从实生树中选育出鹅蛋荔特大型果的荔枝品种,其单果重为 62~74 克,最大单果重达 80.8 克,这也是一个特殊的珍稀品种。广东省近几年也选育出红绣球、鸡嘴荔和细蜜荔等品种,普遍具有核小肉厚、味清甜、多汁液等优良品质,超过生产上原有的品种,都应加速发展和推广。

2. 龙眼名、特、优品种的发展

龙眼是原产于我国华南亚热带的名贵水果,在品种方面不少地区非常单一。例如福建福清地区,龙眼的主要品种是大鼻龙,泉州地区的龙眼品种主要是福眼。以前,这些单一品种的荔枝树占当地荔枝树的 90% 以上,采收期集中在十几天内,给采摘、贮运、销售和加工带来很大的困难。这些老品种不适宜鲜食,品质也较差。另外,很多地区的龙眼树都是实生树,劣种比例很大。但也有少数优良单株,目前已选育出一些极其优良的品种,可以发展。例如,广东高州市储村选出的储良龙眼,是优质的中熟品种,适宜生食和加工,其品质超过泰国的龙眼品种。广西灵山县选出的灵龙,是中熟的优质品种。四川泸州市选出的蜀冠龙眼,是适宜鲜食和制干的中晚熟品种。福建省农业科学院在福建选出的青壳宝圆和立冬本等龙眼品种,都是优质的晚熟和特晚熟品种。由于这些品种成熟期不同,因而可延长市场的龙眼供应期,也能提高加工桂圆的品质。

3. 枇杷名、特、优品种的发展

枇杷是我国特有的树种,产地比较集中,主要在浙江余杭、福建莆田、江苏吴县、安徽歙县等地。我国是世界枇杷的主要产地。在枇杷生产中,枇杷品种也存在不少问题。比较突出的是有相当一部分地区还用实生繁殖,以致单株之间的产量和品质很不一致。对这些实生树应该进行高接换种的改造工作。在枇杷集中产区,枇杷良种率也比较低,品质中等、果实较小、种子多的中熟品种比例高,因此,要大力发展大果型的优质品种。在成熟期方面,要发展特早熟和特晚熟的枇杷优良品种。

现有的枇杷优良品种,也主要是从实生树中选育出来的。例如,福建省农业科学院果树研究所选育出的金钟 6 号枇杷是大果型、优质的特早熟品种;福建莆田县果树研究所选育出的晚钟 518 枇杷是大果型品种,平均单果重 76 克,最大单果重 110 克,为特晚熟红肉品种;莆田县还选出了品质优良的大果白梨枇杷品种,果肉乳白色,是中熟的大果型白色品种。还有浙江余杭的软条白沙枇杷,是我国著名的白肉优质品种。重庆市南方果树研究所选育的金丰 1 号枇杷,平均单果重78.9 克,最大单果重 188 克,这是我国目前最大的果型,号称"枇杷之王",而且品质极优,是重庆市和四川地区应该推广发展的优良品种。

4. 猕猴桃名、特、优品种的发展

猕猴桃原产于我国,但在 20 世纪 80 年代以前并没有被重视。新西兰、意大利等国引种我国的猕猴桃后,培育了不少新品种,发展很快。猕猴桃含有丰富的维生素 C,具有抗癌作用,成为国际上公认的保健果品,而且可加工成猕猴桃汁、酱、糕等产品,需求量很大。我国虽起步晚,但 20 世纪 80 年代以来进入了大发展时期,至 2001 年,全国猕猴桃栽培面积已达 5 万公顷,总产量达 30 万吨。

由于农民自发地发展猕猴桃,因而品种非常单一。如陕西一带集中发展的品种是秦美猕猴桃。秦美猕猴桃个头大,丰产性能好,抗病性强,但品质中等,贮藏性也不及新西兰的海沃德猕猴桃。由于我国猕猴桃的品种资源丰富,最近 10 多年来从中选出一些品质极好的优良品种,品质可以超过国外的品种。例如,由湖北省农业科学院果树茶叶研究所选育而成的金魁猕猴桃,平均单果重 100 克,大而整齐,可溶性固形物含量达 18%～22%,风味极佳。其维生素 C 含量也很高,而且极耐贮藏,是应推广发展的优质品种。由中国农业科学院特产研究所选育的魁绿猕猴桃,果皮绿色光滑,果肉质细多汁,采后即可食用,品质极佳,每 100 克果实中含维生素 C 430 毫克,是目前维生素 C 含量最高的品种,果实具有独特的浓香风味,而且加工产品品质优良,是一个很具特色的品种。

我国猕猴桃资源丰富,各地都选出一些特色品种。如湖南省凤凰县米良乡选育的米良 1 号,江苏徐州市选育出的徐香,河南西峡县选育出的华美 1 号和华美 2 号,江西农业科学院园艺研究所选育的魁蜜,江西庐山植物园选育出的庐山香,四川苍溪县选育的红阳,中国科学院武汉植物研究所选育的武植 2 号和武植 3 号等,都是极具推广价值的猕猴桃优良特色品种。

5. 梨名、特、优品种的发展

梨是我国的大众水果,产量接近世界梨产量的一半。梨品种的品质优劣具有明显地区性差别。例如，河北省的鸭梨，在河北和山东等地都有很大的栽培面积，但比较其果实品质，以在天津以南、南皮县以及山东阳信市一带土壤偏碱地区，梨的品质为最好，表现糖度高、肉质细脆，又耐贮藏。另外，雪花梨的分布面积也很广，但是其果实品质以在河北赵县一带所产的果实为最佳。苹果梨在我国东北和西北地区栽培面积很大，其品质最好的是吉林延边地区所产的苹果梨。酥梨的适应性很强，原产于安徽砀山的酥梨，是目前我国栽培面积最大的丰产品种。它的果实品质较好，耐贮藏。另外，还有原产于山东茌平的慈梨和北京的京白梨，肉质细、汁液多、味浓甜，品质好。我国科研单位通过杂交培育的品种也不少，如早酥梨、晋酥梨、晋蜜梨和锦丰等。

在我国梨的品种中，作者认为，品质最优的是库尔勒香梨，原产地在新疆库尔勒。通过各地引种试验，也适合于新疆南部、甘肃、陕西和山西气候旱燥而又有灌水条件的地区栽培。其引种区要求日照充足，昼夜温差大，土壤较肥沃。只有在这种生态条件下，它才能生产出优质果品。库尔勒香梨外表不美观，个头较小，但是内在品质极佳，表现肉质松脆、爽口、汁多、味极甜而富香味，又耐贮藏。现在，库尔勒香梨已驰名中外。可见，对于果品的品质而言，外表美观虽然是一个条件，但不是主要的条件，更重要的是内在品质，应该重点发展内质极佳的优质品种。

虽然我国有很多梨的特产品种，但是国外也有一些优质梨品种可以引进到我国发展。特别是一些西洋优质梨，如美国的卡特红梨果实瓢形、红色，采收后需后熟，果肉水蜜型，汁多，味甜，香气浓郁，这类梨的质地是我国梨品种中所没有的，引种价值更大。另外，日本的新世纪、新兴和幸水梨，韩国的黄金梨，品质也很好，都可以供引种时选用。

6. 桃名、特、优品种的发展

桃原产于我国,栽培历史悠久。我国桃的产量为世界第一。我国桃的很多品种来源于日本,如"大久保"、"岗山白"、"岗山500号"等。这些品种目前都退化很严重,品质越来越差。如今,我国桃品种正向着多样化的方向发展,除鲜食的白肉桃以外,油桃和蟠桃等品种迅速增加。科研单位也培育了不少优良的新桃品种。

北京市农林科学院林果研究所和环保所长期从事桃杂交育种工作,在油桃方面培育出早熟的早红珠、丽春、丹墨和瑞光1号,中熟的油桃品种有瑞光5号、瑞光7号、红珊瑚、瑞光11号、瑞光18号和瑞光19号,晚熟的油桃品种有瑞光27号和瑞光28号等一系列的优质油桃品种。在蟠桃方面,培育出瑞蟠2号、瑞蟠3号、瑞蟠4号和瑞蟠5号等优良品种。由于林果研究所位于北京西郊瑞王坟,故培育出的蟠桃品种以"瑞"字打头。中国农业科学院郑州果树研究所也培育出一些桃新品种,如曙光、艳光和早黄蟠桃等。江苏省农业科学院园艺研究所也培育出早硕蜜和早奎蜜等新优桃品种。

我国桃也有不少优良的地方特色品种。如山东的肥城桃,个头很大,含糖量高,具特有的桃浓香味,品质极佳。所以,肥城桃又称佛桃。其果皮黄绿色,果肉有白色和红色两种,故有白里和红里两个品种。近几年来,肥城桃研究所和由作者负责的中国科学院植物研究所协作,利用新的生物技术培育出肥城桃1号等新品种,使肥桃的颜色为红色,色彩艳丽,果型端正,果肉硬溶质,可溶性固形物含量达16.75%～17.20%,香味浓郁;不论是果实着色情况,还是肉质、口感和丰产等性状,均超过其双亲。

另外,桃的加工品种一般以黄肉桃为好。如美国的金童1号桃和金童2号桃等系列,最适宜作加工罐桃用。

7. 枣名、特、优品种的发展

枣原产于我国，品种资源非常丰富。其中以加工成干枣的品种为主。干枣是木本粮食，在备战备荒上起了重要的作用。现在我国人民已基本丰衣足食，干枣在市场上也明显滞销。人们对鲜食枣品种的需要，为枣的发展提出了更高的要求。鲜食枣具有独特的风味，同时营养丰富，特别是其中含有丰富的维生素C，一般100克枣肉中含有300毫克以上的维生素C，比苹果中维生素C的含量高70倍，比梨高140倍，但制成干枣后其维生素C则被破坏了。维生素C含量的高低，现已成为水果的一个重要质量标准。因此，要重视鲜食枣的发展。

最近20多年来，各地已选育出了一批鲜食枣品种，如山东省果树所从山东省枣产区选出六月鲜、大瓜枣、大白铃、老婆枣和鲁北冬枣等品种。山西运城等地的梨枣，陕西大荔的蜂蜜罐枣和七月鲜枣，北京的马牙枣和朗家园枣等，都是风味颇佳的优良鲜食枣品种。

在鲜食枣中，品质特别好的是产于渤海湾地区的山东省沾化和无棣、河北省的黄骅等地的沾化冬枣。其果实圆形，平均单果重12.8克，果皮薄，肉质脆，掉在地上能开裂。果肉细嫩多汁，甜味极浓，甜中带酸，有浓郁的枣香味。肉厚核小，可食率达93.8%，含水量达69%，含糖量达17.3%，品质极佳。成熟期在10月上中旬，是一种新型的水果。近几年来，冬枣在全国各地发展。从冬枣在各地的表现来看，在长城以北地区，因为有冻害而不宜发展；在南方雨水过多的地区，也不宜发展。另外，沾化冬枣坐果率比较低，贮藏保鲜也较困难。各地在发展冬枣时应注意因地制宜。

8. 柿名、特、优品种的发展

柿原产于我国。我国的柿产量占世界柿产量的71.5%。柿树的地方品种很多，应重点发展各地的名、优品种，如河北省的盖柿，陕西省眉县的眉县牛心柿，山东省菏泽的镜面柿，河南博爱等地的博爱八月黄柿,浙江淳安的千岛无核柿等。

在柿的地方品种中,陕西关中地区的火晶柿很有特色,个头不大,扁圆形,果实采收时为涩柿,在短期内能自动脱涩;颜色火红光亮,非常艳丽,果肉质细致蜜,风味浓甜;无核,品质极上等。火晶柿抗病性特强,于10月上旬成熟,是优良鲜食品种,可重点引种和发展。

在我国,采收时即能食用的甜柿品种较少。浙江省杭州市等地引进日本的伊豆、前川次郎、富有、骏河和花御所等,能适应当地的气候条件,可在土壤、气候条件基本相同的地方适当发展。

(五)积极搞好高接换优的劣种改造工作

1. 高接换优的意义

我国果树在品种上基本有两大类:一类是实生繁殖的果树,一般结果晚,特别是后代产生严重的分离现象,品质良莠不齐。这类果树包括一些野生资源在内,如山杏和酸枣等,都需要进行高接换种,将其嫁接改造成优良品种。另一类是无性繁殖的果树,主要是嫁接发展的果树,但品种质量差,市场滞销。由于果树寿命长,一般能活几十年,将劣质品种果树连根砍掉非常可惜。可以对它采用高接换种的方法,把它改造成优良品种。

我国果树面积现在约占耕地总面积的1/10,市场上不少种类的果品已经供大于求,果农已深感卖果难。因此,我国的果树面积总体上已不宜再扩大。对于不断引进和培育成功的新优品种,可以通过高接换优的方法来快速发展。但是,现在的高接换种技术,对广大果农来说,还没有解决。主要表现是,经过高接后的果树,生长极不整齐,嫁接成活率不稳定,特别是保存率低,使大树改成了小树。由于树冠小,根系大,树体上下不平衡,引起高接换种树逐年死亡等。作者认为,如果采用科学的新技术,嫁接成活率基本上能达100%,而且省工、省料,嫁接后 1～2 年可恢复原来树冠的大小,并能正常结果,结出优质新品种果实给果园带来很高的经济效益。

2. 蜡封接穗的意义及操作方法

从嫁接到砧木与接穗双方的愈合,一般需要半个月的时间。在这半个月内,接穗不仅得不到砧木的水分和营养物质的供应,却还要消耗原来贮存的养分来长出愈伤组织,这时很容易抽干而妨碍嫁接的成活。为了保持接口和接穗不干,以前多采用堆土法,每接一棵就要堆一个湿润的土堆,把嫁接部位全包围起来。接穗萌芽后,为使接穗正常生长,还要及时将土堆扒开。对于换种高接来说,无法堆造高至嫁接部位的高大土堆,而用接后抹黄泥或包树叶等保湿方法,天气干旱或下雨时又都影响成活。现在,用塑料条包扎后再套一个塑料口袋来保湿,既方便,又省事,不失为一个好办法。但塑料口袋常因高温高湿而促进接穗芽的萌发,影响接口愈合,形成假活的现象,往往打开口袋后嫁接苗即萎蔫死亡。

从 20 世纪 60 年代作者研究应用塑料薄膜在果树嫁接中获得成功后,大大推动了果树、林木花卉及瓜类的嫁接繁殖。到 70 年代,笔者又经过研究和试验,在春季嫁接时采用蜡封接穗获得成功。采用蜡封接穗进行嫁接,既省工省料,又能确保嫁接成活。这是嫁接技术上的一次重大革新。

蜡封接穗,就是用石蜡将接穗封闭起来,使接穗表面均匀地分布一层石蜡。接穗被蜡封以后,水分蒸发量大大减少,但又不影响接穗的正常萌发和生长。嫁接时,接穗露在外面,接口处用一宽塑料条捆紧封严,接穗和砧木愈合后可以自由生长。

蜡封接穗的方法很简单,将市场上销售的工业石蜡切成小块,放入铁锅、铝锅或罐头筒等容器内,然后加热至熔化。把接穗枝条剪成嫁接时所需的长度,一般长 10～15 厘米,顶端留有饱满芽。当石蜡温度达到 100℃ 左右时,将接穗的 1/2 放在熔化的石蜡中蘸一下,立即拿出来,而后再将另一头的

1/2也蘸上石蜡后立即取出,这样可使整个接穗蒙上一层均匀而很薄的光亮石蜡层(如图2)。

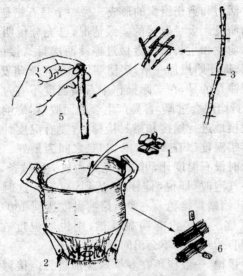

图2 蜡封接穗的过程

1. 将工业用石蜡放入锅内 2. 把石蜡加温到100℃以上 3. 取出冬季贮藏的接穗或刚剪下的休眠枝 4. 将接穗剪成嫁接时需要的长度,顶端要留饱满芽 5. 手拿接穗放入锅内,蘸蜡后很快取出 6. 蜡封好的接穗准备嫁接用

这种方法主要的优点是减少了水分蒸发。通过称重法可以得知,蜡封后水分蒸发可减少85%～95%。水分蒸发量的大小,与封蜡的质量有关。操作时,接穗条在100℃的石蜡液中蘸的时间不超过1秒钟即取出。一般可减少水分蒸发92%。图2所示的是只拿一根接穗。实际操作时,可同时拿几根接穗;也可以将剪好的十几根接穗放在漏勺里。在熔化的石蜡中一过即成。这样,一人一天可蜡封接穗1万根以上。

人们最担心的问题有两个:一是蜡的温度很高,是否将接穗烫死。试验表明：石蜡熔化后的温度在 90℃～150℃之间，只要蘸蜡的时间不超过 1 秒钟，都是安全和合适的，不会影响接穗的生活力和愈伤组织的形成。另一个是石蜡是否会影响接穗芽的萌发。大量嫁接的实践情况，已充分说明封蜡并不影响芽的萌发和生长。作者做过连续两次封蜡接穗的试验，结果表明，即使蜡层加一倍，接穗芽仍然能正常萌发和生长。

需要注意的是，在实际操作中石蜡温度不宜过低。若低于 90℃，封蜡层会过厚，容易产生裂缝而脱落，影响蜡封的效果。大规模地进行嫁接和蜡封接穗时，要有温度计测量蜡液温度。熔蜡温度以在 100℃～130℃之间为最好。如果少量接穗蜡封时没有温度计，可以在熔蜡中放一段枝条，当看到枝条冒出小气泡时，即说明温度已达到 100℃。这时可控制成小火，并开始蜡封接穗。一般石蜡液温度达到 130℃以上时，会明显冒烟。如果没有明显冒烟，则说明温度在 100℃～130℃之间，蜡封接穗不会出问题。

蜡封接穗，一般应该在春季嫁接前进行。接穗可以现采现封，也可以用冬季贮藏良好的接穗进行蜡封。封蜡后，即可嫁接。当天嫁接不完的接穗，还要放入冷窖内保存。如果将封蜡的接穗放在高温度及干燥的地方保存，就会降低它的生活力。接穗不宜在过冬前蜡封。因为在窖内贮藏时间过长，封蜡会产生裂缝，所以，以随蜡封随嫁接为好。

用蜡封接穗进行春季枝接，无论是插皮接、合接或切接，还是劈接等，都有极高的成活率。1992 年春，作者在北京市顺义县马坡乡毛家营村果园指导嫁接，将这里的老品种苹果树，嫁接改造成新品种苹果树。指导农民用 12 500 条蜡封接穗进行嫁接，结果成活了 12 498 条，成活率为 99.98%。即使是这样，当地果农还反映说，死掉的两个嫁接头是被喜鹊啄伤的。这里需要说明的是，毛家营村民都没有学过嫁接技术，参加嫁接的人员全部是新手。他们第一次搞嫁接，数量又比较大，却获得了这样高的成活率,这充分说明了蜡封接穗的优越性。蜡封接穗嫁接还非常省工。如果用剪枝剪截头嫁接,一个人一天能接 500 个头,速度快者能接 1 000 头,与芽接速度基本相等。当然,最重要的还是保证了高接换种的质量,能使高接换种树提早结出优质的果实。

3. 落叶果树的多头高接

对于 3 年生以上的砧木,嫁接时都不适宜在砧木基部截断进行嫁接,而要进行多头高接,以达到扩大树冠,提早结果的目的。

(1)嫁接时期 落叶果树多头高接,一般可在春季芽萌发前进行。由于砧木在秋末落叶前,能把光合作用制造的养分最大限度地贮藏到根系和枝条中,使砧木和接穗中含有较多的营养贮存。在砧木和接穗萌芽之前嫁接,有利于双方的愈合,成活后生长旺盛;同时有很长的生长期。除春季进行多头枝接外,也可以在秋季进行多头芽接。下面重点介绍春季多头枝接的技术。

(2)嫁接部位和接口数量 嫁接部位一般以砧木枝条直径 2 厘米左右处为好,最大不要超过 4 厘米。所以,如果大树要嫁接在较高的部位,小树的嫁接部位则较低。因为直径 2～3 厘米的砧木只需要接一个接穗,接后很容易捆绑,而且穗砧双方愈合生长后,嫁接口可以由愈伤组织包严而没有明显的伤疤,果树能健康生长。如果接口太大,则成活后伤口不容易良好地愈合,容易引起病虫危害,导致伤口腐烂,更容易被风吹折。所以,嫁接口不宜过大。从嫁接的头数来看,接口以多一些为好,具体头数与砧木树龄成正相关。例如,5 年生树可接 10 个头,10 年生树要接 20 个头,20 年生树要接 40 个头,50 年生树接 100 个头。树龄每增加一年,高接时要多接 2 个头。砧木树龄越大,树势越旺,嫁接头数就越多。嫁接头数越多,恢复和扩大树冠就越快。对于衰弱树来说,需要进行复壮后才能嫁接。

嫁接接口也不是无限地越多越好。由于目前生产上嫁接头数常常过少,所以,要强调接口要多。但嫁接部位不宜距砧木主干过远，以免引起结果部位外移而不能形成立体结果。所以，嫁接头数必须适宜。

根据以上原则，对尚未结果和刚开始结果的小树，可将接穗嫁接在一级骨干树上。这样所长出的新梢可以作为主枝和侧枝。在嫁接时，要注意枝条的主从关系：中央干嫁接的高度要高于主枝，主枝嫁接高度要高于侧枝，使中央主干和主枝保持生长优势。其它枝条的嫁接部位要低一些。中间内膛枝条不够时，可用腹接法来补充空间，以达到树冠圆满紧凑，使高接换种的优良果树，能很快立体结果。生产优质果品，合理高接技术如图 3 所示。

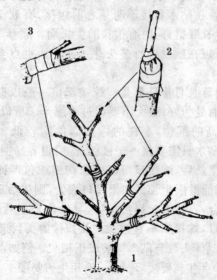

图 3　落叶果树改劣换优多头高接技术

1. 多头高接骨架。高大砧木的嫁接头数要多，上下里外接头要错落有致。采用蜡封接穗，裸穗嫁接　2. 枝条顶端早期嫁接采用合接，较晚嫁接采用插皮接。接后用塑料条将伤口绑严捆紧　3. 采用腹接法或皮下腹接法，可填补内膛空间，避免结果部位上移

(3)嫁接方法 可根据嫁接时期采用不同的方法。如果嫁接时期在砧木芽已萌动而萌发之前,砧木形成层已经活动,可以离皮,则以插皮接(皮下接)为主,因为插皮接最容易掌握,速度快,成活率高。具体方法如图4所示。

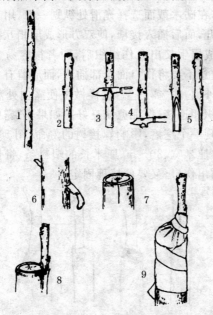

图4 插皮接

1. 选取一年生休眠枝 2. 截取接穗,长10厘米左右,顶端留饱满芽 3. 切削接穗正面 4. 切削接穗反面 5. 接穗切削后的正面和侧面 6. 锯断或剪断砧木 7. 在树皮光滑处纵切一刀 8. 在砧木纵切口插入接穗,并适当"露白" 9. 用塑料条捆绑,把全部接口包严,不能露出伤口,同时将双方捆紧

嫁接时,先把砧木各枝条锯断。进行时,注意不要锯一个头接一个。这样做,不仅工作效率低,而且在锯枝条时容易碰坏已嫁接好的接穗。所以,要求一次性地将直径为2～3厘米

的砧木枝条全部锯断，或用剪枝剪剪断。而后将砧木锯口用刀削平。接穗先要蜡封。进行嫁接时，在下部削一个 4～5 厘米长的大削面，约削去接穗粗度的一半。而后在背面削一个小斜面，并把下端削尖。在削面上部留 2～3 个芽。

切砧时，在砧木截面选择光滑处纵划一刀，用刀尖将树皮两边适当挑开，而后插入接穗，使双方形成层相互接触。当砧木和接穗形成层生长出愈伤组织后，两者很容易愈合。在插入接穗时，注意不要将伤口面全部插入，而应留有 0.5 厘米长的伤口露在外面，叫"露白"。这样做可使露白处和砧木横断面的愈伤组织相连接，保证愈伤良好。如果不"露白"，则在嫁接口处会出现一个疙瘩，影响嫁接树的寿命（图 5）。嫁接后，用一条 3～4 厘米宽、30～50 厘米长的塑料条，将伤口捆紧绑严，既不要露出伤口，又要使接穗固定。

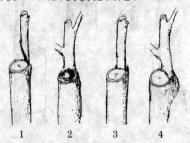

1　　　　2　　　　3　　　　4

图 5　"露白"对愈合的影响

1. 接穗"露白"　2. 愈合正常　3. 接穗全部插入
砧木中不"露白"　4. 接口形成一个疙瘩

春季嫁接，也可以提前在芽萌发前半个月进行。这样，接穗可提前萌发。由于这时砧木不离皮，可采用合接、切接或劈接法进行嫁接。

合接，以前在多头高接时用得较少。有人认为，合接接口不牢固。其实，合接成活后双方接合非常牢固，不容易被风吹折,而且嫁接速度很快,但要求砧木不宜过粗。切削时,砧穗双方削面的大小和长短基本相似,而后合在一起用塑料条捆紧绑严即可(图6)。

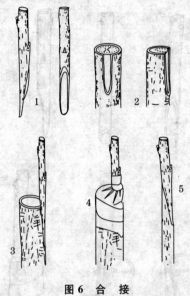

图 6 合 接

1. 在接穗下端削出马耳形斜面后的侧面和正面　2. 砧木选平滑处自下而上削一个斜面,大小和接穗斜面相等,这是砧木切削后的正面和侧面形状　3. 将接穗和砧木的伤口面接合,使双方上下左右的形成层相连接　4. 用塑料条将双方伤口捆严绑紧
5. 对于较细的砧木,嫁接时将砧木和接穗各削同等大小的接口,
合在一起捆绑起来即可

切接通常在苗圃地采用,但多头高接时也适宜采用。砧木锯断削平后,用刀垂直切一刀口,切口的宽度与接穗直径相等,长度一般为3～5厘米。接穗预先蜡封,上面留2～3个芽,下端削一个约4厘米长的大斜面,反面削一个1～2厘米长的小斜面。而后将其插入砧木切口中。最好能使两边形成

层都对齐。如果技术不熟练,不能使两边形成层都对上,则一定要对准一边,露白约 0.5 厘米。接后用塑料条将刀口和伤口全部包严并捆紧(图 7)。

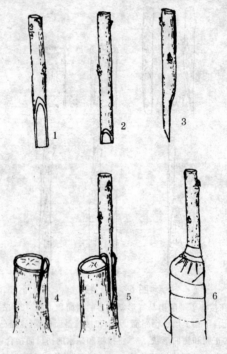

图 7 切 接

1. 在接穗正面削 1 个大斜面　2. 在接穗反面削一个小斜面
3. 接穗侧面状　4. 将砧木切一纵口,其宽度和接穗大斜面
相同　5. 将接穗插入切口,使它的形成层与砧木的形成层左
右两边都相连接　6. 用塑料条捆严绑紧

　　劈接,以前对接口大的砧木常用此法。其实,劈接更适合于接口小的砧木。因为可用剪枝剪将小砧木中间剪开。如果砧木接口大,则要用劈刀劈一个垂直的劈口,深 4～5 厘米。蜡

封接穗留 2～3 个芽,下部左右各削一个马耳形削面,呈楔形,而后插入劈口中,使接穗外侧和砧木的形成层相接,上面"露白"0.5 厘米。接后用塑料条将伤口全部封严并捆紧(图8)。

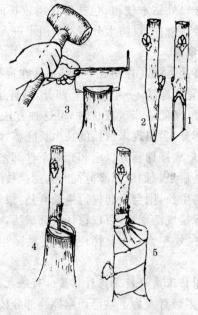

图8 劈 接

1. 将接穗削两个马耳形伤口　2. 从接穗侧面看两边都削成楔形

3. 用刀在砧木切口中央劈一劈口,粗壮的砧木要用木锤往下敲

4. 用钎子顶开劈口后插入接穗,使接穗外侧的形成层与砧木形成

层相连接　5. 用塑料条捆严绑紧

砧木大树常常枝条伸展很长而内膛缺枝,为了使嫁接树生长圆满紧凑,达到里外立体结果,高接时需要补充枝条。可用皮下腹接法,将接穗接在砧木的腹部插在砧木的树皮中,故叫"皮下腹接"。

嫁接时,在砧木树皮光滑处切一个"T"字形口,在上面削一个半圆形斜坡伤口。所用蜡封接穗最好选有些弯曲的枝条,在其弯曲部位外侧削一个马耳形斜面,斜面长约 5 厘米。然后将接穗从"T"字形口上面往下插入砧木伤口中,接穗不露白。由于接口处砧木较粗,包扎时要用较长的塑料条。要特别注意把接口封住,以防水分蒸发和雨水进入。

(4) 注意事项

①**多头高接要一次性完成** 有些地区在进行大树高接换种时,分几年完成嫁接,一年嫁接一部分,这样虽然既能保持原有树的产量,又能逐步改成优种,但这种方法是不可取的。因为嫁接一部分,会出现未嫁接的枝生长旺盛,嫁接部位生长很弱的现象,造成接穗营养供应和光照条件都差,甚至产生接活后又死亡的后果。如果因修剪控制未嫁接枝的生长来促进新品种枝条的生长,则会引起树冠生长紊乱,很难调整。由于用蜡封接穗嫁接成活率高,可以保证全部成活,一年即可改劣换优,速度快,效率高,便于管理,可使果园生长结果整齐一致。

②**要利用砧木所有枝条进行嫁接** 有些大树主侧枝比较紊乱,枝条较多。有人为了整形而锯掉一部分枝条,不进行嫁接。这是错误的。因为嫁接树已经受伤,伤口很难愈合,所以,应该全部枝条都进行嫁接。为了结合整形,可以将主要的枝条嫁接部位提高一些,将其它枝条的嫁接部位降低一些,以后再通过修剪控制生长,形成良好树形。总之,嫁接后的枝叶量以多为好,以后可以逐步进行整形修剪。

③**要抓好嫁接成活的关键** 有人把切削技术当作嫁接成活的关键,提出要一刀削成一个削面、嫁接速度要快等,使嫁接神秘化。其实,保证嫁接成活最主要的因素是砧木、接穗要富有生活力,蜡封接穗就是为了保证接穗的生活力,使嫁接后

到成活前能保持接口的湿度。在嫁接过程中，用塑料薄膜将伤口包严非常重要。如果注意以上条件，即使切削面不太平，双方形成层之间有点空隙，那也不要紧。因为从形成层生长的愈伤组织很多，韧皮部生活细胞也能形成愈伤组织，能把砧木与接穗之间的空隙填满，并能互相愈合牢靠。

④**要及时除去砧木萌蘖**　对于嫁接后砧木生长出来的萌蘖要及时清除。这样，才能保证接穗快速生长。由于多头高接的砧木大，嫁接后树体大部分隐芽都能萌发。如果不及时除去萌蘖，砧木萌蘖生长很快并消耗大量养分，而接穗生长缓慢，竞争不过砧木萌蘖，就会逐渐停止生长而死亡。

除萌工作一般要进行 3～5 次，等到接穗生长旺盛时，萌蘖才能停止生长。有时多头高接成活率低。为了防止叶片过少，也可以适当保留一些萌蘖，到秋季时对萌蘖进行芽接。

4. 常绿果树的多头高接

常绿果树的嫁接技术，和落叶果树的嫁接技术有很多相同点，但也有不同之处。对于相同点就不再重复叙述，重点分析其不同的方面。

(1)嫁接时期　常绿树一年四季都可以进行嫁接。多头高接可采用不同的嫁接方法。截头嫁接以早春，即枝叶开始新的生长时期进行为好。这个时期气候回升，树液流动，根系养分往上运输，伤口不仅容易愈合，而且愈合后生长速度快。多头芽接，以秋末冬初进行为最好。因为这时芽的质量好，嫁接成活后进入冬季芽不萌发。到春季结合剪砧，可以刺激芽萌发生长。

(2)常绿果树多头高接的几个特点

①**砧木要保留叶片，但要控制它生长**　常绿果树和落叶果树不同，落叶果树在落叶之前，养分都回收到根系和枝条

内,春季嫁接时,其愈合和萌发能力很强;而常绿果树的根系和枝条贮藏养分较少,必须依靠光合作用(冬季也有较弱的光合作用)制造养分来供给接口愈合和接穗生长。但要注意,嫁接后只保留老叶,而要控制砧木枝条萌发生长。因为老叶能制造营养,而新梢和新叶的生长要消耗营养。所以,砧木留些老叶而不生长,能保证接穗的愈合和芽的萌发生长。

②**接穗要粗壮,芽要饱满**　有叶的绿枝和休眠枝不同,绿枝内部贮藏的营养比休眠枝少。如果常绿果树嫁接用细弱枝,则养分含量更少,嫁接后则难以成活。所以一定要剪取粗壮的接穗,并且要采用树冠外围生长充实的枝条作接穗。要求随取随接,不要贮藏接穗,以免在贮藏期间消耗养分。另外,春季枝接要求芽迅速萌发,故要选用芽饱满的接穗,特别要求接穗顶端芽饱满,甚至是已经膨大而即将萌发的芽。这样,嫁接后接穗边愈合边萌发,可加速生长。

③**要用塑料袋保温,防止雨水浸入**　常绿果树枝条的皮比较嫩,所以,接穗一般不宜进行蜡封,以免烫伤嫩枝。用绿枝进行嫁接时,为了既保持伤口的湿度,又防止枝条失水和雨水浸入接口,用塑料袋套住接穗伤口是最适宜的措施。常绿果树以在早春嫁接为好。这时气温还比较低,套上塑料袋不仅不会造成温度过高而影响愈合生长,相反,还会由于能提高接口的温度,而促进伤口的愈合和接穗的发芽与生长。

④**嫁接头要多,方法可以多样**　常绿果树进行高接换种,其嫁接头数必须要多,可以比落叶果树嫁接头数更多一些。嫁接头多,可使每个接穗生长不过分旺盛,从而减少风灾的危害,使新生枝条不易被吹折。在嫁接方法上,可根据常绿果树枝条的部位和粗细而变化。例如,主枝顶端可以用切接或单芽切接(图 9),侧枝和辅养枝顶端用单芽切接或插皮接;各类

小枝用嵌芽接(图10);内膛插空用皮下腹接。这样高接,可以形成立体式的嫁接,接穗成活后,树冠不变小,新品种能很快结果(图11)。

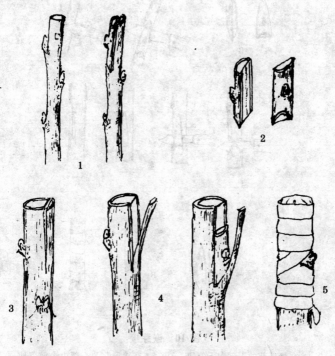

图9　单芽切接

1. 选取充实的接穗,在接芽上方约1厘米处把它剪断,在接芽下方1厘米处斜向深切一刀,再从剪口直径处往下纵切一刀,使两个刀口相接　2. 取下芽片,它的上边是平面,下边是斜面
3. 从砧木横断面切一纵切口,使切口宽度和接穗宽度相等
4. 将芽片插入切口中,使它的形成层与砧木两边的形成层相接,下端与切口插紧　5. 用塑料条将接合部捆严绑紧,捆绑时要露出接芽

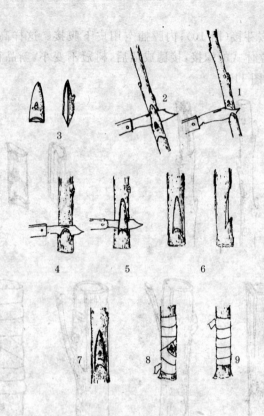

图 10　嵌芽接

1. 在接穗芽的下部向下斜切一刀　2. 在接穗芽的上部由上而下地斜削一刀,使两刀口相遇　3. 取下带木质的芽片　4. 在砧木上由上而下地斜切一刀,刀口深入木质部　5. 在切口上方约2厘米处,由上而下地再削一刀,深入木质部,使两刀相遇　6. 取下砧木切口的带木质部树皮,形成和芽片同样大小的伤口　7. 将接芽嵌入砧木切口　8. 用塑料条捆严绑紧,春季枝接要露出接芽,以利于芽的萌发和生长　9. 秋季枝接不要求当年萌发,如果砧木不流胶则捆绑时要将接芽全部包住

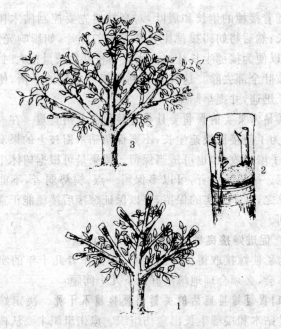

图 11　常绿果树改劣换优的多头高接

1. 多头高接骨架。嫁接要用粗壮、幼芽饱满的接穗，一般可采用切
接、单芽切接或插皮接方法进行。砧木要保留一定数量的枝叶，但
要控制其生长　2. 切接情况。接后要套塑料袋，以保持湿度，提高
温度，防止雨水浸入，促进伤口愈合　3. 嫁接成活后的生长情况。
对保留的砧木枝叶要逐步剪除

(3) 注意事项

①要统一截头　进行多头高接时，先把所有的接头树枝
从接口处全部锯断，而后一个一个地嫁接。不要锯一个接一
个，以免锯树时损坏已接好的部位。

②嫁接时砧木要保留一定量的枝叶　砧木在嫁接时要保
留一定数量的枝叶，数量约为原有叶量的1/4。保留枝角度
要开张，不能有直立和徒长枝，而且要分布在树冠下部和内

部。随着接穗的生长和展叶,对高接树先要控制砧木树叶不再生长;然后将妨碍接穗生长和发展的叶片(如影响光照)都剪除,以便为接穗生长让路。当接穗枝叶生长量很大时,即将砧木枝叶全部去除。这样才有利于根冠之间的平衡,使新品种生长迅速,并提早结果。

③砧木果实的保留要以保证接穗生长为原则　在一般情况下,为了使接穗快速生长,不要保留砧木留枝上的果实。但是,为了增加收入,也可适当保留。留果量可根据树体生长情况而定。树势旺盛者,可以多保留一点;树势弱者,不能多留果。总之,砧木果实的保留,要以保证嫁接后接穗能正常生长为原则。

5. 促进嫁接良种生长结果的几个问题

为了使嫁接取得良好的效益,根据作者几十年的实践经验和体会,必须合理地解决好以下几个问题:

(1)保证嫁接成活的关键是使接穗不干死　决定嫁接成活的是砧木和接穗生长出愈伤组织。愈伤组织主要从树皮和木质部之间的形成层处生长出来。砧木和接穗生活力强,则形成的愈伤组织就多,双方就能良好地愈合和生长。因此,保持接口处的空气湿度,使接穗在成活之前不干死,是嫁接成活的关键。

(2)使嫁接树加速生长和扩大树冠　适当提早嫁接时期,可使接穗提前萌发。如果落叶果树在砧木芽萌发后嫁接,成活率很高,但砧木已消耗部分营养,嫁接成活后生长量会降低。提早嫁接时,砧木往往不离皮,因而不能采用插皮接,可采用合接、劈接和切接等方法进行嫁接。提早嫁接,接穗能提早发芽,生长量也能加大。多头高接,嫁接的接头越多,扩大树冠越快,树冠越能圆满紧凑。因此,要根据劳力和接穗允许情况,使接头尽量增多为好。嫁接后要及时除萌蘖。常绿果树适当保留砧木叶,但不能使砧木生长,这是保证嫁接良种生长的重要措施。另外,要加强肥水管理,有效及时地防治病虫危害。

(3)防止风害提高保存率 很多地区夏季风很大,常使嫁接树在接口处被吹折,形成嫁接成活率高但保存率低的状况。解决这个问题的方法有三个:

第一,要进行多头高接,嫁接的头越多,营养越分散,每一个接穗生长势比较缓和。相反,如果大砧木嫁接头数很少,则砧木根系吸收的水分和无机营养都集中在少数接穗上,就会引起新梢生长旺盛,新梢很容易被风吹断。

第二,要改变嫁接方法。目前果农采用的嫁接方法大多数是插皮接。插皮接接口的砧木和接穗连接不牢固。有些地方采用插皮舌接,也是一样容易被风吹断。如果采用合接或劈接,则砧木和接穗接口非常牢固,接穗在接口处不易被风吹断。

第三,要及时绑支棍,解捆绑。在接穗生长到50厘米以上时,就在砧木接口下部绑1～2根支棍(图12)。与此同时,把接口的塑料条解开再较松地捆上。因为嫁接时塑料条往往捆得很紧,会影响接口处的加粗生长,形成一个缩缢,容易使接口处折断。绑支棍时所用材料要粗一些,长度要1米以上。支棍下端要牢

图 12 新梢绑支棍

牢地固定在接口下部的砧木上或插在土中，上端随着新梢生长，每隔20～30厘米用塑料条固定。固定新梢的工作要进行2～3次，一道又一道地往上捆绑，以确保即使10级大风，也不能将接穗吹断。采用腹接法，可以把新梢固定在砧木枝条上。

以上工作中，绑支柱是相当费工的，如果嫁接的头数很多，可采用合接等嫁接方法。这样，没有特殊大风一般不会被风吹断。

6. 提早生产优质果

高接换种的目的，是要生产优质果品。嫁接后能否很快结果，首先和接穗有关。接穗如果采用徒长枝或采自未结果的幼树，则嫁接后结果晚。接穗如果采用带有花芽或混合芽的枝条，则嫁接当年就能开花，也可能当年结果。如果采用树冠上部生长充实的发育枝，则当年不开花结果，通过加强管理，接后第二年或第三年结果。以上三类枝条，后两类都可以采用。一般带有花芽的枝条生长比较弱，用细弱枝作接穗，嫁接成活率比较低。所以，取用接穗还是要用较粗壮充实的枝条。不同的树种对此应灵活掌握。例如，嫁接核桃必须用生长粗壮充实的发育枝。带有混合芽的结果枝又叫鸡爪枝很细弱，中间髓心很大，这类枝条基本不能长出愈伤组织，嫁接不能成活。板栗则不同，具有强枝结果的习性，在树梢外部生长势强的前端枝的顶芽，是带有花芽的混合芽，这类枝条较粗壮，用它嫁接容易成活，可以采用。总之，带有花芽的枝条只要粗壮，都可以用来作接穗。

对接穗生长的新梢进行摘心，是一项重要的工作。当嫁接成活后，新梢生长到40～50厘米时，要进行摘心（图13）。摘心可控制高生长，也可减少风害。通过摘心，可以促进下部芽萌发，形成副梢。一般果树的副梢容易形成花芽。这样，嫁接后第二年便可以结果。摘心还可以控制结果部位外移。由于在高接换优时,接口不能太粗,要求在2～3厘米处嫁接,因此一般接口已经比较高。如果再让接穗向高处生长,就会引起结果部位外移,而内膛则无结果枝,因而不能高产稳产。通过摘心,促进果树早分枝,多分枝,以达到立体结果。当年嫁接后要摘心2～3次。第一次摘心后,竞争枝还会继续伸长,需要再摘心,从而促进大量副梢的形成。

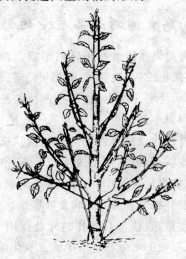

图13 新梢摘心

另外,要防治病虫害。很多害虫喜欢危害幼叶,例如蚜虫,会从没有嫁接树的老叶上转移到嫁接树的幼嫩树叶上;金龟子、象鼻虫和枣瘿蚊等,则专门危害幼嫩树梢,能把新萌发的嫩叶、茎尖吃光,导致嫁接失败。因此,必须加强对病虫害的防治,有效地保护幼嫩枝叶,促进花芽的形成,才能提早结果。在肥水管理上,新梢生长旺盛时不宜多施氮肥,要多施磷钾肥和叶面喷肥,使枝条生长充实,有利于安全越冬,为优质丰产打好基础。

三、安全有效防治病虫害是优质
果品生产的重要保证

(一)病虫害对果品质量的影响

果树病虫害对果品质量有明显的影响。首先,果实本身常有病害,如苹果轮纹病、炭疽病、梨黑星病等,引起苹果和梨的腐烂;枣缩果病使枣无法食用;还有各种危害果实的害虫,如桃小食心虫和梨小食心虫,危害苹果、梨、桃、杏、李和枣等果实。核桃举肢蛾幼虫蛀食青皮果实,引起"核桃黑"。它虽然不直接啃食核桃,但影响核桃的营养运输,使核桃仁干瘪。其次,大量果树病虫危害树叶,使树叶产生病斑,甚至脱落,如蚜虫、红蜘蛛、卷叶虫及各类毛虫和食叶害虫。果品中的糖分及有机养分的含量,直接来自叶片的光合作用。叶片通过光合作用,将根系吸收的水分和空气中的二氧化碳结合成糖,再与根系吸收的无机盐相结合,形成各种氨基酸、蛋白质及维生素等。这些光合作用的产物被运到果实中,使果实长大,并具有良好的品质。如果叶片损害,就不能产生品质良好的果实。另外,还有危害茎干和根系的腐烂病、干腐病、根瘤病、线虫病及天牛和吉丁虫等,使果树输导组织受害,影响养分的运输。还有各种病毒病,也对果品质量有严重的不利影响。

总之,病虫害不仅影响果品产量,而且严重地影响果品质量。只有健康的果树,才能结出优质的果品。因此,防治病虫害是优质果品生产的重要保证。

(二)病虫害的防治方法

病虫害防治还要考虑无公害的问题。要生产绿色果品，使采收的果实食用后对人体无毒害。病虫害的防治可概括为人工防治、检疫防治、农业栽培措施防治、生物防治、物理防治和化学防治等。应本着预防为主，综合防治的方针，采取安全有效的病虫害防治措施。

1. 人工防治

人工防治虽然是古老的方法，但至今仍然是经常采用的有效方法。人工防治，包括以下的具体方法：①人工捕捉。如金龟子在花期啃食花朵和嫩叶，但果树开花期不宜打农药，则可以利用金龟子具有假死性的特点，在清晨摇动树冠，使金龟子落地假死，可乘机将其踩死。如果数量多，可在树下地面铺设塑料薄膜，收集落地金龟子，然后将其消灭。②刮树皮。刮树皮消灭在老皮中越冬的害虫。③刨树盘，清扫果园。刨树盘，清扫和深埋果园中的枯枝烂叶，可消灭和减少越冬的病菌和害虫。④诱杀和阻止害虫上树。可树干绑缚草绳或草束，诱集上树害虫，予以杀灭；或绑塑料裙，阻止害虫上树为害。⑤消灭越冬害虫。有些害虫可以利用其越冬的习性在冬季消灭，例如黄刺蛾，在树杈上结一个有花纹的硬茧越冬，很容易被发现，可用小锤子将茧敲碎，可消灭过冬的蛹。又如栗大蚜虫，过冬时在树干上形成一个直径约 10 厘米的黑色卵块，可以在冬季将其消灭。天幕毛虫的卵在枝条上排列非常整齐，形成一个"顶针"状圆圈，可在剪枝时剪下，予以集中消灭等。

2. 检疫防治

国家和地区目前都有植物检疫站，防止病虫害对生产造成重大威胁和外来病虫对象的侵入。这是很重要的工作。有些病虫以特有的方式寄生在植物材料上,并随之传播。建立检查检疫制度,遵守检疫法,可截断其传播途径,防止蔓延发展或侵入。各地在引进新品种苗木时,要加强检疫工作,杜绝有根瘤病或带有介壳虫和枝干病害的苗木进入非疫区。要做到以防为主,防止外国、外地病虫害随引种苗木进入本地。

3. 农业防治

果树是多年生植物,通过合理的肥水管理,平衡营养,使树体健壮,就不容易得病。特别是腐烂病、干腐病等枝干病害,在树体衰弱或修剪伤口太多时,容易发生。营养不平衡,氮肥过多,也容易引起各种病虫害。通过合理修剪来保持良好的树体,形成通风透光的条件,可减少病虫的危害。另外,杂草是病虫害寄生的场所,果园中杂草丛生,往往导致病虫害的发生。所以,要清除杂草或进行果园覆盖,即用 10 厘米以上厚的秸秆或杂草等有机物,覆盖在树冠下的土壤表面,来抑制杂草生长。也可以种植绿肥来抑制杂草的生长。

建立果园,最好不要发展成杂果园,因为很多害虫能交叉危害。例如纯枣和纯杏产区,一般没有桃小食心虫危害。如果是果树混栽区,桃小食心虫第一代先危害杏、桃和苹果等,第二代或第三代再危害苹果和枣树。所以,杂果园无论是早熟的杏还是晚熟的枣,食心虫都非常严重。另外,有些果园和林木不能混种,如苹果锈病病原菌的中间寄主是圆柏,如果苹果和圆柏混种,则锈病无法控制。对于这种现象,在建园管理过程中,都要注意加以防止。

4. 生物防治

目前,在果园中防治病虫害的生物防治的手段,主要有以下几个方面:

(1)利用天敌 天敌有捕食性和寄生性两类。例如,瓢虫能吃蚜虫,而且对介壳虫类、红蜘蛛也是重要的天敌。黑缘红瓢虫是介壳虫类的天敌,每头瓢虫一生可捕食约 2 000 头介壳虫,其幼虫和成虫可捕食介壳虫的卵,若虫和成虫,即使介壳虫外壳坚硬时,瓢虫也可咬一个小洞,将头伸入壳内食其肉质部分。深点食螨瓢虫,从小到大均可消灭红蜘蛛类的卵,若螨和成螨,其成虫每天平均捕食红蜘蛛 36～93 头,一生可捕食数千头。20 世纪 70 年代,华北地区板栗的栗瘿蜂(又叫栗瘤蜂)非常严重,采用飞机打药的方式都不能控制。后来发现其天敌——以跳小蜂为主的寄生蜂发展很快,跳小蜂能产卵在栗瘿蜂幼虫体中,而后吃掉其幼虫。因此,对其加以繁殖和利用。由于该天敌的作用,华北地区的栗瘿蜂以后即没有引起危害。所以,充分利用天敌,是生物防治的重要手段。目前,已有人工养殖后放养的天敌。例如赤眼蜂,可以寄生和消灭鳞翅目一类害虫;各类瓢虫和草蛉虫,主要控制蚜虫和红蜘蛛等害虫。这方面的工作尚需进一步研究和加强。

(2)利用性引诱剂 利用雌性成虫的性信息素及类似的化合物,通过田间定点摆放,由于有雌性蛾子的特殊气味,可用以引诱雄蛾飞来,将其消灭,使雌蛾不能受精繁殖,从而达到控制的目的。

目前生产上已生产出几种性引诱剂,例如桃小食心虫性诱剂有 A、B 两种,有药的部分称为诱芯,通常以橡胶塞或塑料管做载体,含性诱剂药 500 微克。使用方法是,先在一个普通的水碗内,放入 800～1 000 倍洗衣粉溶液,再在离水面 1 厘米处安放好诱芯,使被诱雄蛾飞到诱芯处,即掉入水中溺水而死。这种装置称为诱捕器。性引诱剂的作用有两个方面:一是用于害虫的预测预报,测报成虫发生始期;二是通过性引诱剂使雌虫失去交配对象而不能繁殖后代。在田间应用时,如果作为虫情预测用,则每 667 平方米悬挂 3～4 个诱捕器即可。如果为了防治害虫,则在每棵树的不同方位挂 1～3 个性诱捕器。

(3) 利用微生物源杀虫剂 苏云金杆菌或白僵菌等侵入到昆虫体内后,能使害虫得病而死。可把这些有益的细菌提取出来,在家蚕身上繁殖,形成大量菌体,制成制剂。这类杀虫剂对人体安全,是当前无公害杀虫剂方面利用生物技术防治的一大进展。目前比较成功的有以下几种:

①B.t 乳剂(苏云金杆菌) 属于细菌性杀虫剂,每克苏云金杆菌乳剂可湿性粉剂中含 100 亿活芽孢。对人、畜及作物安全无毒,对鳞翅目多种害虫有特效。对直翅目、鞘翅目、双翅目和膜翅目害虫中咀嚼式口器害虫有效,但对刺吸口器害虫无效。

使用该农药,要掌握在鳞翅目幼虫发生初期 1～2 龄期用药。常用浓度为 500～1 000 倍液,施用方法为喷雾。其余害虫亦应掌握在低龄幼虫初发阶段用药。B.t 制剂对家蚕毒性大,养蚕地区不宜应用。对于杀死的害虫可收集起来加以利用。利用的方法是,将虫尸捣烂,每 50 克虫的尸液,加水 50～100 升、折合为 1 000～2 000 倍液,过滤后将清液喷用。喷用时要注意,不可将其与杀菌剂及内吸性有机磷杀虫剂混用。使用 B.t 制剂,在高温、高湿时药效更好,而且能自行传染未杀灭的害虫。

②白僵菌制剂 属真菌性杀虫剂。制剂对人、畜无毒,对作物安全,对家蚕有毒。对于防治鳞翅目幼虫及天牛,功效很强。其孢子最适萌发温度在 24℃～28℃,相对湿度在 90% 以上,土壤含水量在 5% 以上。白僵菌通过菌丝侵入害虫表皮,使其染病而死,一般只需 4～5 天。

白僵菌制剂是粉剂。每克含 100 亿个活孢子的,称为普通粉剂;每克含 1 000 亿个活孢子的,称为高孢粉剂。使用时用 600 倍液对地面和树上喷施,可防治刺蛾、天牛和桃小食心虫等害虫越冬代幼虫,以及始发期幼虫脱果后入土的幼虫。白僵菌孢子遇水易萌发,应现用现配。成品应放在阴凉干燥处保存。使用时,不宜与杀菌剂混用。

③**阿维菌素**　该药剂,有齐螨素、爱福丁、阿巴丁、7051、农哈哈、虫螨克和海正灭虫灵等 10 余个别名。阿维菌素是农用抗生素类杀虫剂,对人、畜、作物均安全,有较强的渗透性,有触杀和胃毒作用。为广谱杀虫剂,对螨类和双翅目、同翅目、鞘翅目和鳞翅目害虫都有效。

主要制剂有 1.8% 爱福丁(爱力螨克)乳油,0.9% 和 0.3% 齐螨素(阿维菌素)乳油,另有 1%,0.6% 的乳油剂等。使用时,对叶螨类用 1.8% 剂型乳油 4 000～6 000 倍液,初次用药可用 6 000～8 000 倍液喷雾。食心虫类、尺蠖类和刺蛾类,可用 2 000～4 000 倍液。使用时,不能与碱性农药混用;要避免在高温下贮存,并注意用药均匀,以提高药效。

④**农用链霉素**　本品属低毒抗生菌类杀菌剂,具有内吸传导作用。主要用于果树细菌性病的防治,如多种根癌病、细菌性果实腐烂病和枣缩果病等。

农用链霉素是含有 1 000 万国际单位农用链霉素可湿性粉剂,有 10% 及 72% 的农用链霉素可湿性粉剂。使用时,10% 农用链霉素可湿性粉剂稀释 500～1 000 倍液,或 72% 可湿性粉剂 3 500 倍液喷雾。对于根癌病,可用上述浓度蘸根后栽植,或浇灌根际土壤。农用链霉素与其它抗生素、杀菌剂和杀虫剂混用(碱性农药除外),可提高综合防治的效果,但不能与 B. t 乳剂、白僵菌等生物制剂混用,以防降低药效。农用链霉素应在阴凉干燥处贮藏。

(4)利用植物源杀虫剂　植物源杀虫剂类似于中草药,也能杀死害虫。例如,用烟草浸泡液能杀虫,现在已经提取出这类草药的有效成分。此类杀虫剂以胃毒和触杀为主,多不具备内吸传导性。还有的有忌避、拒食作用,喷用后虽然害虫不被毒杀死,但跑到别处危害其它植物。利用植物杀虫有效成分的提取物,是目前绿色食品 AA 级标准用药,对人、畜、作物及部分天敌类较安全。生产中常用的植物源杀虫剂有以下几种:

①**苦参碱(苦参素)**　主要用于鳞翅目低龄幼虫及叶螨类的初期防治。具有触杀和胃毒作用。常用剂型有 10％苦参碱醇溶液,1.1％苦参碱可湿性粉剂,0.2％和 0.3％水剂。对鳞翅目类叶、果害虫等,可用 1.0％苦参碱醇溶液 500～800倍液;对螨类害虫,用 0.2％或 0.3％苦参碱水剂 300～400 倍液防治。该药的持效期一般为 10～15 天。要在避光、干燥、阴凉处存放。

②**烟碱(硫酸烟碱)**　为烟草中的杀虫成分,以触杀为主,兼有熏蒸和胃毒作用。烟碱能渗入昆虫体内,使神经系统中毒死亡。药效快,杀虫谱广。用 40％硫酸烟碱水剂 800～1 000倍液,可防治叶螨、叶蝉、食心虫和椿象类害虫。在烟碱药液中加入 0.2％的中性肥皂液,可提高防治效果。

③**黎芦碱(虫敌、西伐丁)**　具触杀和胃毒作用,对鳞翅目害虫幼虫防治效果好。剂型为 0.5％黎芦碱醇溶液。使用方法是,在叶、果类害虫低龄期,用 0.5％剂型 500～800 倍液均匀喷布防治。本杀虫剂易光解,应在避光干燥处存放。

④**苦楝油乳剂**　对害虫具触杀和胃毒作用,并有忌避和拒食作用。主要剂型为 100％苦楝原油,37％苦楝乳油。100％原油乳剂的 150～200 倍液,用于介壳虫类害虫 1～2 龄

幼蚧及螨类的防治。37％的乳油使用稀释倍数为 75 倍。

⑤ 松脂合剂　本剂需人工熬制。熬制时，按松香∶烧碱（NaOH）∶水＝1∶0.75∶6 的比例准备好原料。先把水入锅加碱煮沸溶化，再逐步加入松香粉，边加边搅拌，并注意保持水量，不足时要及时补充水，熬至黑褐色，即成松脂合剂。该合剂渗透性极强，早春芽萌发之前用 8～10 倍液喷施后，可杀死介壳虫和越冬螨类的卵，效果良好。

5. 物理防治

目前，在生产上应用最广的物理防治方法，是用频振式杀虫灯来诱杀趋光、趋波性害虫。近距离时以光诱为主，远距离时以定频波为主来诱杀趋光和趋波性害虫。由于扩大了诱杀范围，因而使用效果良好。对于大的连片果园，应该联合行动，使每 10×667 平方米左右有一个频振式杀虫灯，应用效果最佳。这里联合非常重要。如果别处不用而只有一个小果园用，则四周果园的害虫晚上都向这个杀虫灯处飞，虽然能杀死大量害虫，但这个小果园虫害可能会更加严重，因为飞过来的害虫不可能全部被杀死。所以，要提倡联合采用杀虫灯。另外，利用某些昆虫的趋色性来诱杀昆虫也是比较常用的方法。如白粉虱近年来在温室内特别严重。由于白粉虱有趋黄性，可用黄色的木板(纸板、纸条)上面涂上黏性强的机油或废机油，挂放在温室内的不同地方。白粉虱就会飞向黄色板，粘在机油上而死亡。

用物理方法来杀灭害虫，作者有一个经验可供应用。在北京顺义区毛家营村苹果园，20 世纪 90 年代初，桃小食心虫非常严重，园内苹果有一大半被虫蛀而落地，好果率极低。由于虫口密度大，越冬幼虫变成蛾子从土中飞出的时间拉得很长，防治非常困难。后来作者根据桃小食心虫的生活史，建议果农试验用地膜进行全园覆盖。时间在 5 月份。使桃小食心虫的蛾子无法从土中飞出来，从而一次性彻底消灭了第一代桃小食心虫，第二代也没有发生。使这个面积为 3.33 公顷的小苹果园（周围没有别的苹果园）的产量，从 7 500 千克上升到 9.5 万千克。由于没有虫果，苹果的品质也有极大的提高。这种方法防治彻底，使这个苹果园在以后几年都没有发生桃小食心虫的危害。后来，在北京门头沟清水河应用此法，也收到良好效果。那里"核桃黑"非常严重。造成这种危害的举肢蛾，生活史和桃小食心虫一样。受害核桃果实提早脱落后，举肢蛾幼虫入土越冬。第二年羽化成蛾子从土中飞出来，在核桃青皮果上产卵，所孵出的幼虫进入果实食肉，形成"核桃黑"。通过树盘地膜覆盖，使蛾子死在地膜下，从而消除了"核桃黑"。地膜覆盖还可以抑制杂草的生长，并在春季使土壤保持水分，节省灌溉用水。由于大多数害虫，也包括病菌在内，都是冬季在土中，特别是树干周围的表土中越冬，因此在春季进行地膜覆盖，对抑制病虫害非常有效。由于地膜价格不高，比多次打药和除草，要节省劳力和成本。

物理方法在防治果树病毒病上也很重要。由于很多病毒类微生物在高温下不能生存，因此，可以将苗木进行高温脱毒。此工作一般由研究单位来进行。将优种的苗木放在培养箱中 40℃ 左右的温度下，培养约一个月，便能脱除病毒。脱毒苗可作为无病毒优种苗进行快繁或嫁接繁殖来发展。

6. 化学防治

化学防治是目前最有效的控制病虫害的手段。在病虫害严重发生时，用其它方法难以控制，急需要在大范围内快速予以扑灭。在这种情况下，可采用化学药剂防治。但在化学防治时，要执行保护天敌类生物、减少环境污染的原则。还要遵守农药使用的规则,执行国家关于农药在果品中有害物质的残留限量标准,以及出口的有关标准,以保证所产果品的优质与安全。

以上六种防治病虫害的方法,并不是孤立应用的。在很多情况下,需要结合应用。例如对舟形毛虫防治的最好方法是,在初秋卵块开始孵化时,寻找果树树杈处集中成团的黑色毛虫群,寻找到后,用药剂对准幼虫团喷洒,很容易将其消灭,用药量极少。但如果耽误了有利时机,幼虫长大分散食后,抗药性强,就很难消灭了。因此,时机不可错过。这种方法还能保护天敌。又如在树上悬挂一些瓶子,瓶中装入加有农药的糖醋液诱杀,对喜欢糖醋气味的害虫防治效果也不错。防治天牛也是人工与农药相结合的方法。人工找到虫孔后,用注射器注入一些能熏蒸杀虫的农药,再用泥土堵住虫孔,将天牛闷毒死在蛀孔中。另外,防治病虫害喷药时,可以和叶面喷肥结合进行,以达到既除病虫害又使树体补充营养的效果。

(三)常用农药的防治效果及使用要求

1. 果品中农药残留的限量标准

利用农药来防治病虫害,目前还是主要的方法。但是能杀虫、杀菌的农药,对人、畜一般都是有毒的。因此,在施用农药时,应该把农药的残留量降低到对人、畜基本无害的标准以下。为此,国家发布了 50 种与水果类相关的农药残留限量强制性标准。其中杀虫剂 31 种,杀菌剂 8 种,杀螨剂 7 种,杀线虫剂 2 种,除草剂 2 种。农药有毒物质的残留限量,也是国际贸易中重要的技术壁垒。超限量标准的有毒物质,影响人类健康和生命安全,必须严格按照这些标准进行果品生产。截至 1999 年 9 月底,国家发布的 47 种农药残留限量国家标准,如表1所示。

表1　水果类农药残留限量国家标准 （单位：毫克/千克）

农药名称	种　类	残留限量	备注	农药名称	种　类	残留限量	备注
滴滴涕	杀虫剂	≤0.1		西维因	杀虫剂	≤2.5	
六六六	杀虫剂	≤0.2		阿波罗	杀螨剂	≤1.0	
倍硫磷	杀虫剂	≤0.05		氟氰戊菊酯	杀虫剂	≤0.5	
甲拌磷	杀虫剂	不得检出		克菌丹	杀菌剂	≤15	
杀螟硫磷	杀虫剂	≤0.5		敌百虫	杀虫剂	≤0.1	
敌敌畏	杀虫剂	≤0.2		亚胺硫磷	杀虫剂	≤0.5	
对硫磷	杀虫剂	不得检出		苯丁锡	杀螨剂	≤5	△
乐果	杀虫剂	≤0.1		除虫脲	杀虫剂	≤1.0	△
马拉硫磷	杀虫剂	不得检出		代森锰锌	杀菌剂	≤3.0	△
辛硫磷	杀虫剂	≤0.05		克螨特	杀螨剂	≤5.0	△
百菌清	杀菌剂	≤1.0		噻螨酮	杀螨剂	≤0.5	△
多菌灵	杀菌剂	≤0.5		三氟氯氰菊酯	杀虫剂	≤0.2	△
二氯苯醚菊酯	杀虫剂	≤2.0		三唑锡	杀螨剂	≤2.0	△
乙酰甲胺磷	杀虫剂	≤0.5		丁硫克百威	杀虫剂	≤2.0	△
甲胺磷	杀虫剂	不得检出		杀螟丹	杀虫剂	≤1.0	△
地亚农	杀虫剂	≤0.5		乐斯本	杀虫剂	≤1.0	△
抗蚜威	杀虫剂	≤0.5		双甲脒	杀螨剂	≤0.5	△
溴氰菊酯	杀虫剂	≤0.1		溴螨酯	杀螨剂	≤5.0	△
氰戊菊酯	杀虫剂	≤0.2		异菌脲	杀虫剂	≤10.0	△
呋喃丹	杀虫剂	不得检出		甲霜灵	杀菌剂	≤1.0	△
水胺硫磷	杀虫剂	≤0.02	△	杀扑磷	杀虫剂	≤2.0	△
喹硫磷	杀虫剂	≤0.5	△	灭多威	杀虫剂	≤1.0	△
草甘膦	除草剂	≤0.1		粉锈宁	杀菌剂	≤0.2	△
百草枯	除草剂	≤0.2	△				

注：备注中"△"为个别水果的标准限量

2. 主要杀虫剂

(1) 有机磷杀虫剂

①**敌百虫** 对人、畜低毒，对瓢虫低毒。具有很强的胃毒作用兼有触杀作用，对植物有渗透性，但无内吸传导作用。主要用于防治鳞翅目幼虫，膜翅目、半翅目、双翅目与鞘翅目害虫的幼虫、若虫或成虫，对蚜虫类和叶螨类防治效果低。要求在果实采收前 14 天停止使用。

②**敌敌畏（DDVP）** 对人、畜毒性中等，对天敌高毒。具有熏蒸、胃毒和触杀作用。对害虫的触杀作用比敌百虫高数倍，击倒力强，但持效期短。杀虫谱广，对咀嚼式和刺吸式口器的害虫，均有良好防治效果。该药对核果类果树（桃、杏、李等）有时产生药害。果实采收前 20 天应停止使用。

③**辛硫磷** 又称肟硫磷、腈肟磷和倍腈松。对人、畜低毒，对天敌毒性较大。叶面有效期为 2～3 天，施入土中有效期可达 1～2 个月。可用于地下害虫的防治。以触杀和胃毒作用为主，无内吸作用，但有一定的熏蒸和渗透性。杀虫广谱。对虫卵亦有杀伤力。辛硫磷易光解失效。防治桃小食心虫、黏虫、核桃举肢蛾等土中越冬幼虫，可在其出土期进行地面喷施，而后立即松土，用细土盖匀，可防光解并大大延长药效期。辛硫磷要在避光处保存。在采收前 20 天应停用该药。

④**乙酰甲胺磷** 又称高灭磷和杀虫灵。对人、畜低毒，具有内吸、胃毒、触杀及一定的熏蒸作用，有杀卵作用。药效发挥缓慢，2～3 天后效果明显，后效作用强，与西维因混用，可增效和延长有效期。杀虫谱广，对咀嚼式和刺吸式口器害虫及卵皆可防治。也是良好的杀螨剂。采果前 20 天应禁用此药。

⑤**乐斯本** 又称毒死蜱和氯吡硫磷。对人、畜毒性中等，

属中毒类杀虫、杀螨剂。具有触杀、胃毒和熏蒸作用。在枝叶上残效期短,在土壤中残效期可达 2～3 个月,对地下害虫防治效果较好。杀虫广谱。要注意花期禁用。采收前 30 天,应停止使用该药。

⑥乐　果　对人、畜低毒,对家禽剧毒。具有内吸和触杀作用。对害虫的毒力随气温升高而增强。对刺吸式口器、咀嚼式口器昆虫及螨类都有良好的防治效果。乐果对核桃、桃、杏、梅、樱桃和柑橘有不同程度的药害。采前 15 天要停用该药。

(2)拟除虫菊酯类杀虫剂　是模拟杀虫植物除虫菊的活性分子结构,人工合成的一类杀虫剂。此类杀虫剂对人、畜大都属于中毒性,但残毒低,因而列为无公害果品农药中可限制使用的种类。但在喷药时毒性大,要特别注意施药者的个人保护。

①氯氰菊酯　又称安绿宝、兴棉宝和灭百可。对人、畜毒性中等。具有胃毒和触杀作用。有良好的击倒和忌避作用。杀虫谱广,但对螨类和盲椿象类害虫防治效果差。在虫、螨并发期,应将它与杀螨剂混用,喷药时要使虫体着药。果实采收前 20 天禁用此药。

②顺式氯氰菊酯　又称高效灭百可、高效安绿宝。其特性基本同氯氰菊酯,但杀虫活性是氯氰菊酯的 1～3 倍。

③氰戊菊酯　又称速灭杀丁、中西杀灭菊酯和敌虫菊酯。对人、畜、家禽低毒。具有胃毒和触杀作用。杀虫谱广,对氯氰菊酯所防治的对象都有效,并对有害螨类也有防治效果,但不能杀死螨卵。果实采收前 20 天禁用此药。

④顺式氰戊菊酯　又称来福灵。对人、畜有中等毒性。其杀虫特性同氰戊菊酯,但杀虫毒性强,为氰戊菊酯的 4 倍,

因而使用剂量小，效果好，但对作物更安全。

⑤灭扫利（甲氰菊酯）　对人、畜有低毒。杀虫广谱性，对螨类、椿象类及硬壳的鞘翅目都效果良好，对有害螨还有驱避及拒食作用，可减少有害螨的产卵量。在虫、螨并发时，用该药喷雾可二者兼治。采收前20天停用。

⑥联苯菊酯　又称天王星、氟氯菊酯和虫螨灵。对人、畜毒性中等。具有触杀和胃毒作用。杀虫谱广，也可做杀螨剂。药效保持时间较长，一般为10～15天。该药无内吸传导作用。喷药要均匀周到。在害虫盛发期最好和其它有机磷农药交替使用或混合应用。果实采收前20天应停用此药。

⑦功　夫　又称三氟氯氰菊酯。对人、畜毒性中等，具触杀和胃毒作用，对部分害虫具有杀卵和驱避作用。杀虫广谱性，可杀害虫和害螨，但不能杀死螨卵。如果用于防治螨害，则必须和其它杀灭螨卵剂结合应用。果实采收前20天应停用此药。

(3)苯甲酰基脲类杀虫剂　又称特异性昆虫生长调节剂。这类杀虫剂可以抑制昆虫体内几丁质的生物合成，使其不能形成新的表皮，从而在幼虫蜕皮，卵的孵化，成虫的羽化及蛹的形成方面，造成障碍或产生畸形，最后导致死亡。目前，这一类杀虫剂均属高效、低毒药剂，对人、畜、家禽、鱼类和鸟类，都基本无毒，在果品无公害生产中，可优先采用。此类杀虫剂的不足之处是杀虫速度较慢，对刺吸式口器害虫防治效果差。故不能在害虫大发生时应用，而必须在害虫暴发之前使用。该药对鳞翅目和双翅目害虫杀灭效果特别好。

这类农药有：灭幼脲3号、定虫隆（抑大保）、农梦特（杀铃脲、氟铃脲）、除虫脲（敌灭灵）、氟虫脲（卡死克）和环烷脲（扑虱灵、优乐得、噻嗪酮）等。它们的特性基本相似，使用时和其它杀虫剂间隔施用,效果更好。

3. 杀螨剂

蜘蛛一类害虫,主要是红蜘蛛,往往严重危害果树。人们称其为螨类害虫。前面介绍的很多杀虫剂,也能兼除螨类害虫,但同时瓢虫等天敌也会被杀死。为了既能去除害螨,又能保护天敌,最好施用杀螨药剂。杀螨剂种类很多,常用的有双甲脒(螨克、双虫脒)、速螨酮(牵牛星、哒螨灵、扫螨净、哒螨酮)、螨死净(阿波罗)、四螨嗪(螨灭净)、克螨特(丙炔螨特)、螨卵酯、三氯杀螨砜(涕涕恩)和三氯杀螨醇等。

4. 杀菌剂

(1)甲基托布津 又称甲基硫菌灵。属内吸性广谱杀菌剂。对人、畜低毒,对植物安全。植物内吸后主要向顶部传导,具有良好的保护和治疗作用。进入植物体内转为多菌灵。除防治真菌性病害外,还具有杀伤害螨卵和幼螨的作用,能影响雌螨产卵。

甲基托布津常用于防治锈病、叶片斑点类病害、果实炭疽病和轮纹病等。应发病初期用药,不可与铜制剂混用(如波尔多液)。与多种杀菌剂混用,可提高防治效果。

(2)多菌灵 又称苯·咪唑44号。与甲基托布津性质相似。很多地区由于多年用此药后,病菌产生抗药性,所以要与其它杀菌剂交替使用。

(3)粉锈宁 又称三唑酮、百理通和粉锈灵。是一种高效、低毒、低残留的三唑类杀菌剂。具有内吸传导作用。可防治白粉病,对各类锈病有特效。适宜在发病初期使用,并应与其它杀菌剂交替使用。

(4)代森锰锌 又称大生M-45、喷克和新万生。属于对人、畜低毒,有机硫类保护性杀菌剂。可防治多种果树锈病、叶片斑点类病害、炭疽病及瘿螨等害虫。使用后，这些病菌和害虫不易产生抗药性。该药还可兼治果树缺锰和缺锌引起的生理病害。适宜用于发病初期，不能与碱性及含铜药物混用。类似代森锰锌的药物有代森锌、代森锰和代森铵等。

(5)可杀得 又称氢氟化铜。属于对人、畜低毒，具有广谱性的杀菌剂。用后对果品无残毒。药液喷洒果面后附着力强，耐雨水冲刷，扩散和缓释铜离子性能均较好，无内吸传导性，适于多种真菌和细菌性病害的预防。应在发病之前或初期应用。该药和内吸性杀菌剂交替使用，效果最佳。

(6)腐必清 该药对果树皮部腐烂起杀菌保护作用，能促进树皮形成愈伤组织，对枝干上多种病原真菌有杀伤作用。可涂抹或喷布在腐烂的病疤处，使病疤伤口愈合。

(7)波尔多液 属于低毒铜制剂类保护性杀菌剂，有效成分为碱式硫酸铜。由于波尔多液用后防治对象不易产生抗药性，故应用历史最长，是效果最稳定的广谱性杀菌剂。但它没有内吸作用，故和可杀得一样，是一种保护性农药。喷在叶片或果实表面，可使真菌无法侵入。保护时间一般为 $15\sim20$ 天。所以，在发病盛期应每隔15天喷一次。波尔多液防病效果很好，但它没有内吸作用，因此对已经发病的果树施用便基本没有效果。

(8)石硫合剂 也是一种古老的既能治虫又能治病的农药。它效果良好，故至今还普遍应用。石硫合剂具有渗透性，有腐蚀病菌细胞壁和害虫体壁的作用，可以直接杀菌和杀虫，对植物起保护作用。施用时，要求气温比较低，最宜在春季发芽期或发芽前使用。夏季气温高时使用容易发生药害。使用浓度要根据病虫害的种类和发生时期来确定。在果树休眠期，喷施浓度要高；在生长期，施用浓度要低。高浓度的石硫合剂可用于果树伤口的消毒。

以上介绍了一些主要的农药和新农药,有些农药已不生产或禁止使用,则不再介绍。农药的种类很多,要根据病虫害的发生情况和农药的特性来选择,科学地施用农药。

(四)如何提高防治病虫害的效率

我国果树的病虫害一直相当严重,这一点和国外的差距是比较大的,也是影响果品质量的直接因素。果农虽然也知道防治病虫的重要性,但是由于种种原因,而无法解决。关键是要提高防治病虫害的效率。根据作者的体会,感到要提高病虫害防治的效率,应当从以下几个方面入手:

1. 控制病虫害要因地制宜

所谓因地制宜,就是要在适合发展某种果树的地方,发展这种果树。这首先必须考虑到对病虫害防治得是否适宜。例如,葡萄的虫害较少,但是病害较多。特别是葡萄霜霉病,在葡萄果实膨大期和提高品质的时期,危害树叶和果实,使葡萄叶形成大量病斑而脱落。病菌的侵入和发展主要与雨水多、空气湿度大有关。因此,在葡萄成熟后期雨水特别多的地区,霜霉病则特别严重,甚至达到无法控制的地步。这一条应该作为是否适宜发展葡萄的根据。我国西北甘肃、宁夏等地区,秋季雨水少,空气湿度小,就不适宜葡萄霜霉病病原菌的繁殖发展。其它葡萄白腐病、炭疽病与黑痘病也是在多雨地区容易发生。因此,我国西北地区包括新疆吐鲁番等地,只要有灌水条件就应该把它作为发展优质葡萄的基地。

我国的枣生产,一直受枣疯病的困扰。例如北京的密云小枣,就是由于枣疯病而基本灭绝的。枣疯病目前还没有有效的方法来防治,只能靠把病树砍掉来控制其传染。但是我国渤海湾土壤有盐碱的地区,枣树却生长结果良好。据调查,在盐碱地生长的枣树不得枣疯病。这是因为枣疯病的病原菌(病毒)侵入枣树后,首先要到根部生长和繁殖,而后再转入到地上部分。枣的根部如果在盐碱地生长,则枣疯病病毒不能正常生长和繁殖,因此,盐碱地没有枣疯病。根据这一规律,渤海湾地区应该作为我国优质枣树发展的基地。

再说草莓,本来是草本植物,但按习惯也将它归入果树之列。最近几年来,北方温室草莓发展很多,但种植草莓有一个最大的问题是不能重茬,种过草莓的土壤已有病菌,使草莓病害严重而影响质量。但是温室大棚不可能年年换地,因此限制了草莓的发展。我国西南云、贵、川地区,山区面积很大,这些地区冬季气温在零度以上,冬季及早春雨水稀少,光照条件好,天气凉爽,很适宜草莓生长,还不需要建立保护地,可以露地栽培,因此生产的草莓不但大大降低了成本,而且极大地提高了草莓的品质。由于山区和温室不同,每年可以轮作种植,因而避免了土地重茬产生的病虫危害。从因地制宜的角度来看,云南、四川及贵州南部地区应该成为我国优质草莓的生产基地。由于北方冬季缺乏新鲜水果,草莓成了高档的果品,这就为西南山区开辟了一条致富之路。在运输困难的地区,可以将草莓加工成草莓酱和草莓汁等。由于品质好,在国内外有很大的需求量。

以上举例说明各地要因地制宜,发挥当地的优势。其中不可忽视的一条是病虫害要少,或者能躲避病虫的危害期。能做到这一条就能达到事半功倍的效果。

2. 发展抗病虫害的品种

各种果树对病虫害抵抗能力千差万别。笔者在植物园多年观察,发现银杏和杜仲没有什么病虫害。但果树一般病虫害比较多。然而猕猴桃病虫害就很少，故能适应长江流域潮湿的气候条件。柿树除有柿粉介壳虫外，其它病虫害也很少。但是柑橘、葡萄、苹果、梨和桃等主要果树，都有很多病虫害。品种不同，其抗病虫害能力也有很大区别。例如，梨黑星病是非常严重的病害，使叶子形成黑斑脱落，果实黑色腐烂，这种病在鸭梨、慈梨树上特别严重，而雪花梨则能抗黑星病。在同样条件下，雪花梨管理方便，容易高产优质。又如葡萄，从日本引进的巨峰对黑痘病和霜霉病有很强的抗性，而从美国引进的红地球则抗性差。在同一块地上种植的巨峰葡萄叶片还没有病斑，而红地球却已经大量落叶。所以，在引种时，应该把抗病性也作为一个重要条件。除了常发生的病虫害外，还要注意病毒病。病毒病在苗木引进时往往看不出来，几年后才表现出来，有病毒病的果树，果实的品质明显变差。因此，必须引进无病毒苗木。

育种单位必须培育抗病虫性强的品种。这方面在农作物上有抗虫的棉花，抗锈病的小麦等，但是果树育种中还很少培育出抗病的优质品种，这是今后要进一步研究解决的重要课题。在无病毒苗木的研究方面已经取得一些进展，苹果和柑橘已经有国家级的无病毒母本树，以及专门培养无病毒苗木的苗圃。对这个优良的条件，在发展果业时要充分加以利用。

3. 根据害虫的生活史及其习性进行防治

对于虫害的防治，不能一有虫就打药。这样做，往往打药次数很多，钱花得不少，又特别费工，但效果并不好，还杀死了天敌，又污染了环境。为了提高治虫的效果，必须将害虫生活史及其生活习性了解清楚，抓住其薄弱环节做到对症下药，彻底防治。

(1) 板栗及其它果树红蜘蛛的防治　其它果树上的红蜘

蛛,同板栗上的红蜘蛛大同小异,其危害及发生规律,基本相同,掌握了板栗红蜘蛛的防治方法,其它果树红蜘蛛防治,也就可以借鉴。

板栗红蜘蛛越冬卵深红色,在一年生芽周围和枝条粗皮、裂缝分权处越冬。在翌年春季板栗树叶展开的后期,越冬卵孵出幼虫,爬到叶片基部正面为害。每年发生 4～6 代,到天气干旱的初夏即大量发生,严重影响板栗的产量和品质,是板栗最主要的虫害。如果到初夏大发生时再打药,这时有红蜘蛛的成虫、若虫和虫卵,互相交叉,消灭非常困难,而且被害叶片已变成黄绿色,光合作用效率已经很低。到了雨季,即使红蜘蛛压下去了,叶片也不再变绿,树体衰弱已不可恢复。

作者在 1974 年通过试验,体会到防治板栗红蜘蛛的最好方法是,用药剂涂干,杀死第一代红蜘蛛。要认真观察,掌握越冬卵孵化出幼虫的准确时间。如北京密云高岑乡,一般在 5 月 5 日前后卵很整齐地孵化。这时,在树干上便于操作的部位,刮去一圈粗皮,露出嫩皮,圈宽约 10 厘米。而后刷稀释 5 倍的 40％乐果乳剂,再用一小块地膜包上,使地膜内有水珠,利于药液向树干渗透。乐果有很好的内吸作用,5 天左右即能运输到叶片,幼小的红蜘蛛吸入微量的药液,即被毒死。

药剂涂干只要注意质量,使用时期准确,可以在一年以内不会发生红蜘蛛危害。红蜘蛛的天敌很多,采用这种防治方法,可以保护天敌,因此效果特别好,药剂涂干后,往往几年内都不会发生红蜘蛛危害。乐果在板栗树中的毒性,不会超过一个月,即可全部分解掉,不会使板栗果实产生残毒。

红蜘蛛在其它果树上也非常严重。红蜘蛛越冬习性有两种情况:一种情况是以卵在果树枝条上越冬;另一种情况是以成虫在树干翘皮下或树皮缝隙、伤疤、树干基部土缝中群集越冬。在防治方法上很多果园都采用早春打浓度高的石灰硫黄合剂，一般都在果树芽萌动前打。其实红蜘蛛越冬卵孵化及成虫活动，上树为害树叶，都要在气温升高的展叶期，如果打药过早，则效果很差。到果树发芽期打，浓度可以适当低一些，效果则很好。在树干周围土缝处也要打药。据观察，在果树萌芽期，由于气温较低，芽对石硫合剂的抵抗力很强，一般不会产生药害。特别是芽的外边有鳞片，芽的生长点由鳞片和小叶片包着，即使刚萌发的小叶片有点药害，而生长点很快又能长出新叶。所以，把喷施石硫合剂的时期由芽萌动之前，改为芽萌发初期，防治红蜘蛛的效果可以极大地提高。

（2）蚜虫的防治　蚜虫是繁殖速度极快的一种昆虫，它可以进行孤雌生殖，几天内即能形成一大片蚜虫群。在食物不足时，它能产生有翅蚜，飞到食物充足的地方去生存和繁衍。蚜虫的种类也很多，多数是杂食性，除危害果树外，还危害蔬菜、花卉和草坪植物等其它农作物，以及杂草等。

防治蚜虫，喷药要均匀彻底，使每个叶片都能喷到药液。蚜虫大都集中在叶片背面。有的叶片产生卷曲，蚜虫则生存在卷叶的内侧。如果打药不彻底，有些地方没有打到药，几天后少量蚜虫则又繁殖成大量蚜虫。所以，打药必须使树上的蚜虫彻底消灭。由于有翅蚜虫还会飞过来，所以在选择农药时，不要选用药效期短的农药。如敌敌畏虽然能杀死树上的蚜虫，但对过两天又飞过来的蚜虫没有杀灭力，蚜虫又能很快地繁殖起来。喷药灭蚜虫，除了要选用药效期长的农药外，所选用的农药最好还要有忌避作用，使蚜虫对打过农药的果树产生躲避反应，不往树上飞。如氰戊菊酯（速灭杀丁）、石硫合剂等，除了能杀灭蚜虫外，还有一定的忌避作用，对防治蚜虫很有用。

另外,为了保护天敌,可选用一些内吸性强的杀虫剂防治蚜虫。如乐果对天敌杀伤力低,喷到果树上后能吸到植物体内,使叶片带毒而杀死蚜虫和红蜘蛛,防治效果很好。还要注意瓢虫的生活习性,充分利用它来防治蚜虫。例如在麦收时,小麦上的瓢虫往往数量很多,可以将其大量迁移到附近的果园中。这些瓢虫在食完麦蚜后可取食果树上的蚜虫。这样,即使在果树上蚜虫很多时,也可以不喷药治蚜虫,瓢虫可以很快把蚜虫吃光。

(3)土中越冬害虫的防治 大量害虫是以老熟幼虫在土中越冬的,到翌年春季出土上树为害。有的在土壤表面结茧化蛹,再变成蛾子,从土中飞出来。也有的害虫在土中化蛹越冬,翌年春季化成蛾子再飞出来。这些害虫都有一个从土中出来的习性。如果能比较准确地掌握它们的出土时期,进行土面封杀,那是最为省工有效的方法。

土面封杀的药剂,可用辛硫磷或乐斯本。辛硫磷对害虫杀伤力很强,除有触杀、胃毒作用外,还有熏蒸作用。但辛硫磷遇光会分解,在阳光下的有效期只有 2 天,而在土壤中不见光,有效期可达 2 个月。如果把辛硫磷液喷在土面,也会很快光解而失去作用。因此,必须在把辛硫磷药液喷在土面上以后,再用耙子把土耙一遍,使农药大部分能被土盖住而不见光。这样就在土面形成了封杀作用。当害虫从土内爬出来时,就会接触药剂而被杀死,或者被农药熏死。

为了有效地封杀越冬后出土的害虫,要做到以下三点:第一,对害虫的出土时期要掌握准确。例如,对桃小食心虫,可用性引诱剂来观察蛾子的情况。当观察到有个别蛾子已经从土中飞出来时,则立即用辛硫磷进行土面喷杀。第二,必须大面积进行。因为蛾子能飞,如果只是少数地块封杀,而大面积没有防治,这虽然也有一定效果,但是效果较差。所以,大面积的果园,要统一行动,联合进行全面的防治。第三,喷药要均匀周到。地面封杀所用农药的浓度,比树上打药的浓度要高 5 倍。比如果树上打 1 000 倍液,土面喷则用 200 倍液。打药后立即耙土覆盖,一定要在当天完成。最好是傍晚打药,立即覆盖,使辛硫磷基本上不见光,其杀伤力就最大。

以上方法不但能杀死出土的害虫,对地下生活害虫的杀灭效果更好。例如,对蛴螬、金针虫、蝼蛄和地老虎等害虫,都有良好的效果。

4. 对病害要及早防治,防重于治

果树的病害非常多,病原菌主要是真菌,也有少数是细菌。真菌主要靠孢子进行繁殖,孢子萌发需要空气潮湿。天气干燥,不利于孢子萌发和侵入。所以,在阴雨天气,病害传染很快。对于果树有什么病害,每年什么时候发病,果农一般是清楚的,各地也都必须有一个详细的记载。对于病害的防治不能在发病以后进行防治,而是要在发病之前进行防治。例如,枣树锈病到 8 月中旬叶片上则布满褐色孢子堆,这时打药就没有用了。到 8 月下旬则大量落叶。如果在 7 月上旬叶子上还没有病症时,就喷施石灰多量式的波尔多液或可杀得,过 20 天后趁天晴再喷一次,只要喷两次预防的药,枣锈病就可以控制。因为枣锈病的最快发病,是夏孢子的反复大量繁殖,而夏孢子不能过冬。在越冬之前,病叶上产生冬孢子,冬孢子在 7 月份叶面上萌发时碰到铜离子即被杀死。大量冬孢子在雨季都已萌发。没有机会侵入枣树而死亡。以后就形成不了夏孢子,枣锈病不可能流行。

又如桃穿孔病。有细菌性穿孔病和真菌性霉斑穿孔病,这是当前桃树非常严重的病害。穿孔病病菌都有很长的潜伏

期。细菌性穿孔病的潜伏期可达40天。当遇到降雨频繁，气温高的阴雨天，病害严重，危害猖獗。只要病原菌进入植物体，在潜伏期喷药已经不能控制穿孔病，所以必须在病菌进入植物体之前进行预防。桃穿孔病的病菌，一般在桃树枝条溃疡斑上越冬，翌年桃树开花后，病菌从病组织中溢出，借风、雨水、露滴及昆虫进行传播，经叶片气孔和枝条芽痕等处进入植物体。因此，关键的打药时期有两次：第一次在发芽前期打石硫合剂，第二次在开花展叶后打代森锰锌等杀菌剂。打这两次药可以消灭枝条上的越冬病菌，控制穿孔病的发生。

以上情况说明，病害的防治必须要以预防为主，打药一定在发病之前进行。但如果不清楚果园每年可能发病的情况，则必须详细观察，发现有少量病斑时，即在发病初期，立即打药。这时不能用波尔多液、石硫合剂，或可杀得等预防性农药，而要用内吸性传导农药，如甲基托布津、粉锈宁和多菌灵等。打药必须细致周到，使每个叶片都要布满药液，以防止病菌再产生孢子，大量繁殖。

5. 果实套袋

很多病虫危害果实。以苹果为例，果实病害严重的有炭疽病和轮纹病，虫害严重的有桃小食心虫、苹果小食心虫和梨小食心虫，还有椿象、金龟子和卷叶虫啃食果实，等等。因此，要保持果实不被病虫危害非常困难，最好的办法是将果实套起来。套袋不但能保护果实不受病虫危害，而且外观更美观。特别是梨，套袋后果皮嫩白而且皮薄，外观品质大为提高。

套袋必须在果实产生病虫害之前进行。一般打一次杀菌剂后再套袋，以防果实在袋中腐烂。口袋要用专门企业生产的。不同的果品所套用纸袋的种类也不同，同时要注意套袋的质量，既能严格防止病菌害虫进入，又不影响果实的生长。

对于要上色的果品,如红色的苹果和桃、紫色的葡萄等,都要求在采收前几天或十几天将口袋除去,有的果袋有两层,可以把它的外层除去,保留半透明的红色层,使果实照到阳光或红光,促进色香味的形成。总之,套袋虽然比较费工,但由于我国劳动力较多,故仍然可以进行果实套袋,达到防治病虫害和克服打药引起果品污染的问题,收到一举多得的效果。但是,最近发现个别害虫,如苹果康氏粉蚧和梨黄粉虫,专门钻入口袋内危害果实,这是需要进一步研究解决的新问题。

6. 清洁果园

分析病原菌与害虫的生活习性,有一小部分,如病毒和树皮腐烂病的病原菌,是寄生在植物体内越冬的,而大部分的病原菌和害虫,冬季则不在树体内。抓住越冬这个环节来消灭病虫害,是最为省工、彻底和有效的方法。病虫害越冬,无非就是三个地方:一个是树体表面。对于这种病原生物和害虫,可在早春芽萌动时,用石硫合剂等农药将其消灭。另一个是土壤中。对于在土壤中越冬的害虫,可重点采取在害虫出土前用药剂封杀的办法。另外,可清洁果园和进行土壤深翻,把土壤表面的病菌和害虫翻到土壤深处深埋而杀死。第三个是枯枝落叶。大量的病菌是在枯枝落叶上越冬的,有的害虫如潜叶蛾类,是在叶片背面吐丝结薄茧化成蛹越冬的。在冬季把园内的枯枝落叶集中起来深埋或烧掉。或在秋、冬季开沟施肥时把枯枝落叶和杂草埋入施肥沟的深处,在上面施入其它肥料后,再用土埋上。这样,既可消灭枯枝落叶和杂草上的病菌和害虫,又可将枯枝落叶和杂草沤制成有机肥料。另外,对于冬季修剪下的枝条,也要集中烧掉。这些环节都做好以后,病菌和害虫可大量减少。实际上,植物发生病虫害,和人体生病有相同之处。环境清洁了,就不容易生病了。

(五)改进喷药工具,提高喷药质量

1. 改进打药器械

我国和发达国家相比,在果树管理上还存在很大的差距。作者考察了法国的果树管理情况,他们一个劳动力大约能管3公顷地的果树,而我国一个人则只能管3×667平方米地的果树。在果树修剪、果实采收等环节上,都要用人工。但其中最大的差距是在打药的机械化程度上有很大的差距。法国果农用后喷式的弥雾打药机,他们的果园是宽行密植,行间较宽,打药机可以开到行间,从打药机的后面喷雾,雾点极细,如同冒烟一样。机器开过去,两行树的树叶上可全部打遍药液而不滴水,既省工、省药,又可高效。3公顷果园一个人一天能轻松完成打药任务。由于人坐在打药机的前面,机器走得较快,后面喷药,故驾驶员不受农药熏染。

我国很多地方还用背负式喷雾器,需要人工加压。条件好的用机动式喷雾器。一个喷雾器需要3个人共同作业,一个人开车,两个人手拿喷枪打药,在果树四周来回转圈,往往打得不均匀,有的地方打得多,药液从叶片滴下来,但有些地方还没喷到。这种机动喷雾器的工作效率比弥雾式打药机的工作效率要低几十倍。改进打药器具,变喷雾为弥雾,将大大提高打药的速度和质量。

2. 发展管道打药

管道打药,非常适合我国的国情。因为我国的果园大都建在丘陵和半山坡上,土地不平整,打药机在不平的果园内无法行驶。另外,我国密植果园比较多,很多果园内行间无法开进较大的机器。在这种情况下,以实行管道传送打药比较方便。另外,管道打药最节省能源。由于打药机装载着药液在园内来回行驶,直至一车药液到打完为止,要消耗大量汽油或柴油。而管道打药只要一个电动机,即可把固定地点的农药送到果园各个地方,所以,管道打药是一种非常节能的农业设施。

管道打药由三部分组成:第一部分是配药室,可以设在果园的中心地点,要求有水和电。要建一座小房,内设配药池、电动机和机动喷雾器,可将配好的药液经输液管道压送到喷药的地点。第二部分是输药液管道,可通到果园的每个地方。管道用不易老化的塑料管,一般深埋地下,以免影响地面操作,每隔20~30米设一个出口接头。就像自来水龙头一样,可以开关,平时关上,喷药时打开。输送药液的管道在果园内要分布均匀,使果园各处都能打到农药。第三部分是打药的喷枪和连接喷枪的胶管。喷枪要质量好,能喷出细雾。橡胶管道一般长30米左右,一端连接喷枪,另一端连接输药液的管道。

打药时,先在药池中配好药液。配药池一般可设两个,可交替使用。而后开启电动机,带动机动喷雾器,机动喷雾器即吸入已配好的药液,送入输药液管道。这时应调好压力。压力过大时会自动回水,以保持一定的压力,保证机器和管道的安全。田间一般由2~4人打药。一人拿一个喷枪,先将橡胶管接在输液管的出液接头上,再打开出液口,即能打药。如果连接喷枪的橡胶管长30米,则可以在直径60米的范围内打药。打完一片果树,再把接口接到另一个输液管出口,给另一片果树打药(图14)。

管道打药的设备非常简单,投资不高,而且省工又高效,果农各家可以自建一个,也可以几家联合起来建一个。一般可以和机动水井结合起来。电源和水源都方便。

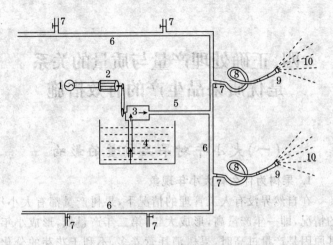

图 14　管道打药示意

1. 电源　2. 电动机　3. 机动喷雾器　4. 配药池
5. 出水管道　6. 田间出水管道　7. 喷药接口开关
8. 橡皮管　9. 喷枪　10. 喷雾

　　在使用管道打药时,要注意以下几点:①注意接口不能漏水。安装时要用高质量的接头和开关。平时不使用时,要保护好,以防生锈。②喷药管道不宜过长,打药的路线要有规律。这样,一个人连打药和拉管子都能完成,不必要一个人打药,另一个人拉管子。③药液不能有沉淀。特别是自己配制的波尔多液,一定要进行过滤。药液中不能有泥沙等杂物,以防堵塞管道。④药喷完后,要用清水冲洗药池,同时使机动喷雾器吸入清水,将管道冲洗干净。每个出水口也开一下,冲洗后再关上。

四、正确处理产量与质量的关系是优质果品生产的有效措施

（一）大小年对果品质量的影响

1. 果树为什么有大小年现象

在自然界没有人工管理的情况下，果树产量都有大小年的情况，即一年产量高，形成大年，第二年产量低，形成小年。其原因是产量过高时，果树消耗营养多，不利于花芽的分化。一般果树在果实膨大期也正是花芽分化期，两者是同时进行的，过多的果实使树积累养分减少，抑制了花芽分化，导致第二年开花少，产量低。在低产年，由于树体营养消耗少，又促进了花芽分化，使下一年开花量增加，又形成大年。这种产量上的大小年，是果园缺乏科学管理的产物，只要通过合理的修剪、疏花疏果和营养调节，是完全可以克服的。

2. 产量对品质的影响

为了提高果品的质量，必须对产量加以控制，因为产量和品质二者是有矛盾的。当结果过多时，果树根系吸收的养分，以及叶片光合作用制造的有机物，要分配到大量的果实中，使每一个果实得到的无机盐和有机营养，包括水分都会减少。同时从生物学的角度来看，果树结果是为了繁殖后代，大量养分要运送到种子中去。因此在一定量的养分条件下，果实多时，每个果实就必然会变小。由于种子、果核和果皮要消耗掉大量营养，使可食的果肉糖分、维生素等营养减少，所以，结果太多时，品的质量会明显降低。有的国家对果品产量、质量

关系的处理,是有严格要求的。比如在法国,种植的葡萄,大多是作酿酒用,对产量的要求为每公顷约 20 吨,即每 667 平方米不到 1 500 千克。如果产量提高了,葡萄酒厂就拒绝收购。因为单产的增加,会对酿酒葡萄的质量造成不利的影响,从而影响加工葡萄酒的质量。这是很严格的要求。

实际上,结果数量和果实品质的好坏,是矛盾的对立统一,合理的结果负荷量,既可以保证果实肥大,使果品质量提高,又能使树体有足够的营养贮备,促进花芽分化,使果树没有大小年,能健康生长发育,达到优质稳产,所以稳产的果园产量并不降低。例如,苹果和梨在高水平的管理下,每 667 平方米产果 2 000 千克,能达到优质稳产。如果管理不当,形成大小年,667 平方米产量大年为 3 000 千克,小年为 750 千克。平均每 667 平方米年产量为 1 875 千克,而大小年结果果树的总产量反而低。特别是 667 平方米产果 3 000 千克时,由于个头小,品质差,因而市场销售价低。从上述情况可以看出,果树的产量和品质,二者的关系是处于矛盾的对立统一状态的,合理的产量,才能使果实保持良好的品质。

(二)稳定产量、提高品质的主要方法

稳定产量、提高品质的方法很多,主要可以通过人工修剪以及疏花疏果来达到稳产保质的目的。

1. 修剪控果

在花芽过多时,冬季修剪要多剪去一些花芽,主要方法有以下几种:

(1)疏　剪　进行结果母枝或结果枝剪除的修剪时,要保留一定数量的结果母枝或结果枝。例如,葡萄的产量主要来自葡萄前端的结果母枝,修剪时要保留一定数量的结果母枝。如果计划丰产的葡萄园 667 平方米产量为 2 000 千克,若每

667平方米有100株葡萄树的话,则每株葡萄树应产果20千克。某一品种每个结果母枝平均能产1千克葡萄,则每棵葡萄树应留20条结果母枝,对于多余的结果母枝要予以剪除。又如板栗,一般优质丰产园667平方米产量为200千克。从栗树树冠占地面积算,一般667平方米地的栗树投影面积以500平方米比较合适,则每平方米产量为200千克÷500=0.4千克。一个结果母枝(枝条前端的粗壮小枝)平均抽生2个结果枝,每个结果枝平均结1.5个球果,每个球果产2个坚果,则每个结果母枝平均产6个坚果。按120个坚果重1千克计算,则每个结果母枝应产0.05千克栗子,每平方米需留结果母枝为0.4÷0.05=8(个)。对于大粒品种,每平方米留6个结果母枝。在冬季修剪时,要按这个数量保留结果母枝,对多余的结果母枝要全部疏除。以上这种计算后再修剪的做法,是最为科学的修剪方法。

(2) **短 截** 对幼龄果树,通过短截可以控制生长。果树到了盛果期后,每个枝条上有很多花芽,通过短截,可以减少花芽的数量(图15)。

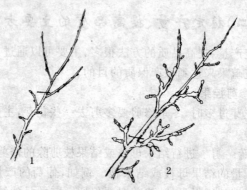

图15 花芽生长情况及回缩修剪
1. 剪除生长旺盛枝 2. 花芽过多进行回缩

回缩短截修剪有很多优点：①控制花芽或混合花芽的数量。②防止结果部位远离骨干枝，使运输距离缩短，树体结构紧凑。③防止结果枝越来越弱，使下部生长出较强壮的新结果枝，使结果枝得到更新，产量稳定，提高果品质量。

(3) 花前修剪 冬季修剪有时分辨不出花芽和叶芽，而到了春季开花前，就能分清花芽和叶芽。这时，对于过多的花芽可连枝条一同剪除。这对于盛果初期的树比较有用。其修剪方法主要也是疏剪或短截。

2. 人工疏花疏果

在果树盛果期需确定每 667 平方米的合理产量，才能保证果品的优质。苹果、梨、桃、葡萄和柑橘等水果产量，每 667 平方米不超过 2 000 千克是比较合适的，可据此计算出每棵树的合适产量，然后进行疏花疏果。

目前，人工疏花疏果还是主要的。一方面，我国劳动力资源比较多，另一方面，人工疏除比较准确和安全，同时还可以有选择地疏除小果、畸形果和病虫果。还可以除去弱枝上的果实，保留强枝上的果实等。

疏花比之疏果，可以减少养分消耗，促进枝梢生长。一般可以在初花期疏去整个花序。在花多时，对花序可以隔一去一。对坐果率高的果树，也可以每个花序留 1~2 朵花。疏花也可以和花前复剪相结合，疏除一些有花的细弱小枝，减少质量差的花及花枝，有利于提高保留花的坐果率。

人工疏果，一般要进行两次。第一次是在开花后进行。这时，未完成授粉受精的花已经脱落，没有脱落的花都已经完成受精，一般不会脱落，因此可以进行人工疏果。第二次疏果为定果。此时果实已经稳定,不再落果。在两次疏果中,以第一次为主,第二次为辅。在幼果期疏果,可节省树体营养,使保留的果实不易脱落,并能集中养分加速其生长和发育。

在留果量方面,首先按前面讲的要求,计算出每棵果树应有的产量。由于果树数量很大,在疏果时应先找一棵标准树,并将其产量分配到每个枝条。例如计划株产果 50 千克,一棵树共有 5 个主枝,每个主枝则应产 10 千克果。一个主枝可分为 5 个小枝,则每个小枝应产果 2 千克。如果每千克果有 5 个果,则每个小枝应产 10 个果。这样定果以后,就可以按照这棵树的标准,对全园果树进行疏果和定果。另外,留果量要考虑叶果之间的比例。例如,苹果是 25～40 片叶养一个果比较合适。这样,叶片光合作用的产物能保证果实的需要,并且能使果树继续分化花芽,生长和结果比较均衡。这也是疏果的一个标准。例如,一个小枝上有 30 个叶片,则只能留一个苹果。如果一个花序结了两个苹果,则要摘掉一个,留单果较为合适。一个花序一般都能坐几个果,只保留一个,则果实分布比较均匀,果实品质也能得到保证。所以,大型果品种以一枝留一个为好,小型果品种可一枝留双果。核果类果树,其果枝有长果枝、中果枝、短果枝和花束状果枝之分,一般长果枝可留 2～3 个果,中果枝留 1～2 个果,短果枝和花束枝都只能留一个果。叶片多的枝条可多留,叶片少的枝条要少留果。

总之,通过人工疏果,可达到按计划生产,使果树生长发育平衡,在产量上没有大小年之分,果实分布均匀,使每个果实能充分地获得营养;同时通过疏除次果,保留生长良好整齐的幼果,也为果品的优质打下基础。

3. 化学疏花疏果

由于人工疏花、疏果效率低，很难在短期内完成大面积的疏花疏果任务。采用化学疏除，是利用喷布化学药剂致使部分花果脱落，起到疏花疏果的作用。由于这种疏花疏果的方法极大地提高了工作效率，因而在有些国家已把它作为果树生产的一项常规措施来采用。我国规模大的果园也应该采用这种方法。由于不同树种和品种对不同化学疏花疏果剂的反应不同，所以在大面积应用时，需要先做试验，由点到面地加以推广。化学疏花疏果可用的药剂有以下几种：

(1) 西维因 是一种高效低毒的杀虫剂。西维因喷到叶片上不能在体内运输，必须喷到幼果果柄处，进入维管束，堵塞物质的运输，使幼果缺少发育所需的营养物质而脱落。因此，西维因主要是疏除幼果，故不能在花期和花后立即喷布，以防果实全部脱落。一般苹果在盛花后 14～21 天用 600～3 000毫克/升的浓度喷布，可以保留较大的果实，疏除较小的果实。使用时期越早，用药浓度越高，疏除的比例反而越高。相反，使用时期晚，浓度较低，疏除比例就降低。西维因是一种杀虫剂。在用它进行化学疏果的同时，可以防治卷叶虫和尺蠖等鳞翅目幼虫。

(2) 石硫合剂 石硫合剂是常用的杀虫和杀菌剂，同时也可以用来作为化学疏花的有效药剂。石硫合剂喷到柱头上，可使柱头灼伤。由于花粉落在柱头上时，必须受到由柱头分泌的黏液的刺激，才能正常萌发，伸长出花粉管，因而石硫合剂直接抑制了花粉发芽和花粉管的伸长，从而阻碍花朵的受精。所以，石硫合剂喷布的时期必须非常准确。例如苹果和梨,要在一个花序上中心花已开过而边花正在开时喷施;桃在盛花期稍过一点,使早开花的不疏除,晚开花的即能疏除。用石硫合剂疏花时,必须喷布到花的柱头上才有效,所以要严格掌握喷药时期和注意喷药的质量。在我国,小面积果园采用这种方法比较容易掌握,能达到良好的效果。由于一个花序的中心花或一个花枝上早开的花,往往质量好,留下这种高质量的花,也就为培养优质果品打下了基础。

石硫合剂喷布的浓度为 0.2～0.4 波美度。喷施石硫合剂,不但有疏花作用,还可以防治红蜘蛛、蚜虫和预防病害。

(3)二硝基化合物(DN化合物) 二硝基化合物种类很多,常用的有二硝邻甲酚、地乐酚、二硝酚和地乐酯等。其作用和石硫合剂相似,但灼伤作用更强,喷布后可烧灼柱头和落在柱头上的花粉,阻止花粉发芽和花粉管的生长,从而导致落花。使用浓度为 800～2 000 毫克/升。

(4)萘乙酸和萘乙酰胺 这类物质喷到果树上以后,能使幼果中生长素的含量降低,使生长素不能通过果柄向外转移,叶片的营养物质就不能进入幼果。由于切断了幼果营养的供应,因而最后导致幼果的脱落。萘乙酸使用浓度为 5～50 毫克/升,在花瓣脱落期到落花后 2～3 周施用,都有效果,但越迟,疏除作用越减弱。其使用浓度,早期要低,后期要增高。萘乙酰胺是一种比萘乙酸缓和的疏除剂。如果有些品种喷用萘乙酸疏果量过多,则可用萘乙酰胺比较安全。

除以上几种疏花疏果剂外,敌百虫也有疏果作用。在花后一周左右喷施敌百虫,可引起幼果脱落,而保留坐果时间较长的果实。敌百虫是重要的杀虫剂,可起到杀虫和疏果的双重作用。

　　以上化学疏花疏果剂，最好和人工疏果相结合。要先采用化学疏花或疏果法，施用时要掌握好施用浓度和时期，使坐果量经化学疏除后还有一定的富余，然后再由人工进行定果。例如，一棵果树需要留 200 个果实。如果不疏花疏果，就可能结到 1 000 个果实，会严重影响果品质量和树势。因此，最好先用化学方法疏除约 700 个果，留下 300 个果。然后用人工再把畸形果、小果、病虫果及生长在一起的双果芽疏除，这样就可以按计划保留 200 个优质果。

（三）恰当处理生长调节剂应用与
果品产量、品质的关系

　　植物生长调节剂种类很多，包括生长素类、赤霉素类、细胞分裂素类、乙烯和生长延缓剂类等，对植物的生长发育起着重要的调节作用。为了稳定产量和促进花芽分化，适当地使用生长调节剂是必要的。例如无核葡萄，由于没有种子，所以果实生长时缺乏赤霉素的刺激（种子能生产赤霉素），很容易产生落花落果。因此，在花期、花后喷赤霉素，可以弥补赤霉素的不足，提高坐果率。有些枣品种的果实中很多没有种仁，在有核无仁的情况下，也需要补充赤霉素。如在沾化冬枣花期喷赤霉素，以提高坐果率，作为一项重要的措施。另外，果实成熟前往往容易提早落果，影响产量和品质，可以在采前半个月喷萘乙酸一类的生长素，可抑制果柄细胞离层的过早产生，使果实不会早期脱落，适当延长果实的生长期，有利于提高果实的含糖量及各种养分的含量，使香味变浓，上色更好，从而提高果实的品质。

在果树上施用生长延缓剂，往往也有良好的效果。例如，对于旺盛生长的幼树，可以适当施用多效唑（PP_{333}），可抑制树体旺长，促进短枝形成和花芽分化，并防止果树郁闭，达到通风透光。多效唑还可以增加叶绿素的含量，使叶片变厚，叶色变绿，提高光合作用的速率，从而能提高果品质量。多效唑也能提高坐果率，但在坐果太多时，必须要多疏花疏果，控制结果数量，以提高果实的品质。

近几年来，很多果品在采收前施用促进果实膨大的一类生长调节剂，能大幅度提高产量。这里特别要提出的是 CPPU，又叫 KT-30，4PV-30、吡效隆、施必优和施特优。是日本协和发酵工业株式会社推出的一种苯基脲类细胞分裂素。据测定，它诱导细胞分裂和愈伤组织生长的活性是细胞分裂素活性的 1 000 倍以上。因此，用 CPPU 处理果实，能明显促进果实膨大。

CPPU 目前广泛应用在猕猴桃生产上，在花后 24 天，用 10 毫克/升浓度的 CPPU 浸浴猕猴桃果实（也可喷洒）处理后 7～60 天内，果实鲜重一直不断增加，到采收时，其果实纵、横径和侧径比未处理的对照分别大 30%、32% 和 32%，产量增加 20%～190%，平均在 30%～100% 之间。由于 CPPU 能明显地增加产量，因而刺激果农都广泛应用。CPPU 的主要功能是增加果心区细胞的数目，增大外层果肉细胞的体积，使外层单个细胞平均增长 15 微米。有人认为，CPPU 处理后不但提高了产量，而且也提高了品质，因为个头大是果实品质的一个标准。比如，猕猴桃分级，以前是按大小来分级的，单个最大的是特级,市场价格最高。其实,这种看法是消费者不能接受的。因为决定果实品质的主要因素是风味,是养分的含量。必须要看到,经 CPPU 处理后,其果实内在的品质是下降的。因为果树光合作用的产量并不能因为 CPPU 处理而增加,相同数量的光合作用产物,如果要分配到更大的果实中,其糖分的平均浓度及其它养分的浓度必定要减少。所以,近年来市场上卖的个头特大的猕猴桃并不受顾客的青睐。草莓等水果也有类似的情况,大的不如小的好吃。当然,这里并不一定都是施用生长调节剂的结果,但这确实是其中的原因之一。在产量和质量有矛盾的情况下,应该以质量为主。因为进入 21 世纪,我国人民生活水平已有极大的提高,国际上更需要优质的果品。因此,不宜提倡用生长调节剂来大幅度提高果品的产量。

五、改善光照条件是优质果品
生产的先决条件

（一）光合作用与果实品质的关系

绿色植物吸收太阳光能，利用光能将水分解，放出氧气，并将二氧化碳还原为有机化合物。这一过程称为光合作用。果实有香甜、酸美奇特的风味，有丰富的养分，包括颜色、香气等，都是光合作用直接或间接的产物。

果实的品质，首先和糖度有关。光合作用合成的物质先是果糖，而后是葡萄糖。果糖和葡萄糖又能合成蔗糖以及其它糖类。果实的甜度，主要决定于蔗糖和果糖的含量。另外，也需要有一定的酸度，如柠檬酸、苹果酸等，也是光合作用的早期产物。维生素是由光合作用产物进一步合成的。例如维生素 C，又叫抗坏血酸，是由葡萄糖进一步转化成葡萄糖醛酸，再形成古洛糖酸内酯，而后产生抗坏血酸。

光合作用的产物，在果树代谢过程中，进一步和根系吸收的各种营养元素相结合，可以形成脂肪类，氨基酸和蛋白质、核酸以及其它有机化合物。

果实的外表颜色，是由于果皮上产生花青素和胡萝卜素等表现出红色、黄色、紫色等颜色，这些色素也是光合作用的产物。因此，果实上色和光照有关。果实成熟前，有充足的光照，才能有浓红、条红等艳丽的色泽。

总之，果树的光合作用既是果树产量的来源，又是提高果实品质的基础。

（二）影响光合作用速率的因素

影响绿色植物光合作用速率的因素很多，主要有以下几个方面：

1. 叶片质量

严格地说，果树的绿色部分，包括茎和果实的表面，都能进行光合作用。但是，绝大多数光合作用的产物是来源于叶片。叶片质量对光合作用有很大的影响。例如，作者测定板栗叶片的光合作用：浓绿色的叶片，在正常情况下，光合作用的速率平均为9.2毫克CO_2/（分米^2·小时），也就是说，在1小时内，1平方分米（100平方厘米）叶面积，能吸收固定二氧化碳9.2毫克，而被红蜘蛛危害的黄绿色板栗叶片，其平均光合作用速率为1.8毫克CO_2/（分米^2·小时），说明黄绿色的被害叶片比正常叶片光合作用的速率大大降低了，两者相差5倍以上。同时看出，老叶比嫩叶光合作用速率高；肥水条件好的，比营养不良的叶片光合作用速率高。由于缺氮和缺铁形成黄叶，包括被红蜘蛛等病虫严重危害的叶片，这类叶片光合作用速率是一个负值。因为叶片一方面能进行光合作用，吸收CO_2；另一方面还要进行呼吸作用，消耗能量，而放出CO_2。在测定时，CO_2反而增加了，说明这类叶片不但不能积累有机营养，反而要消耗营养。

以上情况说明，叶片的内在质量对光合作用也有很大的影响。光合作用是在依靠叶绿素进行的。叶绿素如同一个绿色的工厂，使光能转化成化学能。因此，光合作用速率高的叶片，一般都表现浓绿色，而且叶片也比较厚。这说明叶绿素含量高，同时叶片也有光泽，平展而不卷曲，没有被病虫危害。保持叶片的健康，是提高光合作用速率的基础。

2. 光　照

光照是光合作用进行的重要条件。在光照不是很强的情况下,光合作用速率和光强度几乎呈直线上升关系。也就是说,光照越强,光合作用进行越快。例如,测定苹果光合作用时,光照强度在 500 勒时,光合作用吸收的 CO_2 和呼吸作用放出的 CO_2 量基本相等,故测定数值为○。当光强度达到 1 000 勒时,光合作用速率为 4.5 毫克 CO_2/(分米^2·小时);光照强度为 5 000 勒时,光合作用速率为 8.2 毫克 CO_2/(分米^2·小时);光照强度到 10 000 勒时,光合作用速率为 11.8 毫克 CO_2/(分米^2·小时);光照强度升到 15 000 勒时,光合作用速率达到 13.1 毫克 CO_2/(分米^2·小时)。以后光照强度再增加,光合作用速率不再明显增加。

不同种类的果树,对光照的要求不同。在北方落叶果树中,以枣、桃、杏、樱桃、葡萄、梨、苹果和石榴等最喜光,而山楂、核桃、板栗和柿子等次之。在常绿果树中,椰子和香蕉最喜光,荔枝和龙眼次之,杨梅、柑橘和枇杷较耐阴。同一树种的不同品种之间,对光照的要求也有区别。在种植地点、种植密度和整形修剪方式上,都要考虑到不同果树品种对光照的不同要求,才能保证生产出优质果品。

3. 二氧化碳

二氧化碳(CO_2)是光合作用的主要原料,其含量直接影响到光合作用的进行。光合作用速率,在正常情况下也是随着空气中 CO_2 浓度的增加而增加的。光合作用最适的 CO_2 浓度为 1% 左右。而空气中的 CO_2 含量通常为 0.03% 左右。在充足光照的晴天,CO_2 常是光合作用的限制因子,有些果园郁闭,不通风,CO_2 不能在果园中流动,就会影响光合作用的正常进行。

4. 温　度

光合作用对温度的要求范围较宽。但是温度低时,光合作用速率会明显降低。在南方的常绿果树,冬季低温时期,虽然不落叶,但光合作用速率很低,一般不能积累养分,生长也基本停止。温度在 10℃～25℃ 范围内时,光合作用速率一般随着温度的升高而增高;温度在 25℃～35℃ 范围内时,光合作用稳定在一个最高值。温度超过 35℃,特别是在阳光直射下,温度常超过 40℃ 时,光合作用速率则明显下降。

对于果实中营养成分的积累,一方面要考虑光合作用的积累,另一方面还要考虑呼吸作用的消耗。当温度高,特别是夜间温度高时,果树呼吸作用消耗的养分也多,温度低则呼吸作用消耗的养分少。我国西北地区,在果实生长的夏秋之交,白天阳光充足,气温在 30℃ 左右,光合作用速率很高;而到晚上,温度在 20℃ 以下时,呼吸作用速度降低,这样使有机养分积累多,消耗少,果实含糖量高,营养丰富,品质提高。南方山区温差比平原温差大,因而也有利于果实品质的提高。

5. 水　分

水分也是光合作用的基本原料。光合作用是在各种酶参与下产生的复杂的生物化学反应。水是其中的重要的介质,所以,水分的亏缺往往能显著地抑制光合作用的速率。这首先是因为降低了原生质特别是叶绿体的水合程度,引起胶体结构的变更,使酶活性降低,从而使许多代谢过程速率降低。光合作用对脱水的反应,比其它代谢过程更为敏感,因为脱水扰乱了叶绿素分子在叶绿体中的正常定向排列,使光合作用不能正常进行。

水分亏缺的另一个结果,是使叶片上的气孔关闭。果树在缺水时,叶片为了减少水分蒸发而使气孔关闭,从而显著减

少了 CO_2 气体的进入。因此，由于水分亏缺，CO_2 便成了光合作用的限制因子。另外，在炎热的夏季，即使土壤水分充足，但水分的吸收速度也跟不上蒸腾速度。因为，炎热天的中午，光合作用速率降低，其所以如此，水分往往是其限制的因子。说明水和温度是互相有关的因素，在雨过天晴，水分充足、光照强时，光合作用速率就能极大地提高。

6. 氧 气

光合作用是一个放出氧气（O_2）的过程，氧气多则抑制光合作用的速率。自然界空气中的氧气浓度基本是一定的，因而它对光合作用速率的影响，也大体上保持在一定的水平上。但是光合作用产生的氧气，如果在叶绿体附近不能扩散出来，则对光合作用有明显的抑制作用。因此，果园内空气流通，不但有利于氧气的补充，而且有利于叶绿体所产生氧气的扩散，促使光合作用速率的提高。

（三）果树分布及结构对光照的影响

1. 果树栽植密度对光合作用的影响

密植和稀植，到底哪一种栽植密度的光能利用率高，哪一种有利于提高果实的品质，这是应该搞清楚的问题。

在种植后前几年，密植园比稀植园植株多，叶面积大，能及早占领果园空间，提高光能利用率。因此，要提早结果和丰产，就需要增加果树的栽植密度。但是，当植株不断长大，树冠之间交错连接，形成郁闭状态时，阳光的利用就会恶化。故密植园必须保持小树冠，使树冠之间有一定的空间。果树在黑暗中没有光合作用，但有呼吸作用。随着光照强度逐步增加，当光合作用和呼吸作用强度相等时，用红外线测定仪测出 CO_2 的变化等于 0，这个时候的光强度称为光补偿点。由于盛果期果园的果树比较大,叶片之间互相遮荫,有一部分叶片光照差,一天的平均光照在补偿点以下,总算起来,这部分叶片呼吸作用所消耗的养分,大于光合作用制造的养分。这些叶片的总和叫无效叶幕层。相反,大部分叶片应该是光合作用营养的积累,大于呼吸作用营养的消耗。这种功能叶片的总和叫有效叶幕层。郁闭果园与不郁闭果园有效叶幕层的比较如图16所示。

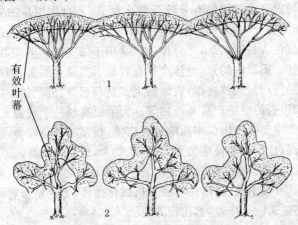

有效叶幕

1

2

图16 郁闭与不郁闭果园有效叶幕层比较
1. 郁闭果园 2. 不郁闭果园

从图16中可以看出:密植园如果对树冠不加控制,使树冠之间连接起来,就形成郁闭,稀植园果树生长高大,更能形成郁闭。因为稀植园果树高、叶幕层厚,光照差的无效叶幕层比例大。可见小树冠比大树冠总体上有效叶幕层大,无效叶幕层小,光合作用积累的养分多。所以,密植的小树冠果树的果实,其品质要优于稀植的大树冠果树的果实品质。

在比较小树冠与大树冠的优缺点时,还要考虑生物产量和经济产量的比例问题。光合作用的总产物是生物产量,包括形成的根、茎、叶、花、果实和种子所需要的养分。由于大树冠消耗在根、茎、叶等上的营养比例比较高，用在果实的经济产量上的比值就降低，即经济产量/生物产量的数值较低。小树冠消耗在根、茎、叶上的营养比较少，用在果实的经济产量上的比值就高，经济产量/生物产量的数值较高。所以，从光能利用率来看，密植小树冠与稀植大树冠相比，有三个优点：①定植后前几年可充分利用光能，容易达到早期丰产和优质。②小树冠比大树冠的有效叶幕层比例高，光合作用总的效率高，积累养分多，果品质量好。③小树冠经济产量与生物产量的比值比大树冠的高，光合作用产物用于果实的比例高，果实品质好。需说明的是，经济产量有时也不完全是果实，例如核桃的经济产量是核桃仁；板栗的果实是刺苞，经济产量是指栗子；仁用杏的经济产量是杏仁等。为了提高经济产量的比例，在生产中要选用出仁率高的薄壳核桃；板栗的刺苞要薄，出籽率要高；仁用杏和核桃的壳要薄，仁要大，出仁率要高。

我国果园今后的发展方向，是小树冠的密植园。小树冠除了具有以上优点外，还有利于机械化操作，无论是修剪和打药，还是采收等作业，都比较方便。

2. 果树株行距对光照利用的影响

果树在果园中定植时，其行距和株距的大小关系，一般可以分为三种方式：第一种是行距和株距相等；第二种是行距较大，株距较小，但差别不大。例如行距4米，株距3米等；第三种是行距大，株距小，两者相差1倍以上。例如行距5米，株距2米等。这三种方式的光照情况及优缺点如下：

(1)行距、株距相等 每一棵果树所占的空间都相等，对幼树来说，可以提早平均地布满空间，充分利用阳光。但是，果树长大后很容易互相连接而形成郁闭。如果修剪不当，果树很容易向上生长，互相争夺光照，结果部位上移，光照郁闭的果园有效叶幕层小,无论单棵树或群体,光合作用效率都低。通风透光不良,则果实品质差。另外,机械无法进入果树之间作业,一切都要人工操作,工作效率低。

(2)行距大于株距,但差别不大 这种株行距方式,是我国果园广泛采用的栽植方式。每棵果树不同方向的受光比较均匀,幼树可提早布满空间,充分利用光能。果树长大后,要加强修剪控制,使枝条平均分布。但是当果树进一步长大时,也比较容易郁闭,因而对修剪技术的要求很高,否则就会引起结果部位上移;下部照不到光,果品质量较差。这类果园,在前期机器可进入果园作业。到盛果期后机械就无法进入果园了,机械难以作业。

(3)行距宽,株距窄,差别大 国外发达国家一般采用这种方式。例如苹果、梨和樱桃等果树,行距一般为5米左右,株距为1~2.5米。这类果园树冠长大后,行间还有一定的距离,以树冠垂直覆盖面积算,大约占地70%,也就是说,在中午有30%的阳光没有照在果树上,而是照在地面上。利用这部分的阳光,可以进行间作,主要是种绿肥。宽行密植果园光能利用是非常合理的。当阳光斜照时,由于行间大,可使树体中下部叶片得到充分的光照,下部叶片得到光照的强度也在补偿点以上。到了中午,虽然下部叶片受到遮荫,但是由于中午光照强度高,在强阳光下,下部叶片也有良好的照光量,一般在5 000勒以上,光合作用速率也很高,因此有效叶幕层大。由于果树上下通风透光,因而能达到立体结果,提高果实的品质。

行距宽,有利于机械进入果园内作业。例如施肥、打药、除草、采收和运输等都可以用机械作业,这就可以大大地提高工作效率。当然宽行密植也不是行距越大越好,过大的行距群体光能利用就差。合理宽行密植,行间距离要以成年果树行间能进入机械为准,在能使机械作业的前提下,尽量缩小行距。在果树修剪上也要配合,使其向行间生长的枝条以不影响机械作业为标准。果树株距比较密,有利于提早利用空间。当然和果树树冠的大小有关。例如,用矮化砧木嫁接的苹果树,由于树冠较小,则株距要小,如果不是矮化砧木嫁接的苹果树,树冠较大则株距也要较大。

关于果园果树的行向,这也是应该考虑的问题。对于株行距相等或差别不大的果园,行向关系不大。对于行距较大的果园,应该采用南北向的行距。因为南北向行距光照比较均匀,无论是春、秋,阳光偏南时,或夏季烈日当头时,每一棵树得到的阳光都比较均匀。如果采用东西行向,则在春季和秋季阳光偏南时前面一行果树能挡住后面一行树的中下部分,使中下部特别是下部叶片光照差,在每棵树的北面中下部光照更差,这个区域的果品质量往往明显下降,导致同一棵树上果实品质有明显的差异。

山地果园的果树行向,应该和山地等高线平行。这样可使同一行果树处于同一个等高线上,便于机械化管理、灌水和积蓄雨水,特别是使前一行果树与后一行果树之间,互相不挡光,如同阶梯教室一样,坐在前面的人,不挡住后面人的视线。从而使山地果园光照充足,有效地提高果品的质量。

3. 树体结构对光照的关系

果树的树体结构和光能利用很有关系。一般不修剪或修剪不适当的果树,树冠呈多主枝圆头形。首先是分枝多,每个大枝越往上分枝越多,形成扫帚状。另外,各大枝挤在一起,枝条之间主次不分。这种多主枝圆头形,树冠表面积小,光照集中在树冠的表面,下部树冠内光照差。修剪合理的果树,一般形成疏散分层形或自然开心形,每一棵果树的大主枝较少,分枝、小枝多。每个主枝下部大,上部小,形成宝塔形。这种树冠枝条主次分明,树冠表面积大,光照分散,使上部和中下部树冠内都能照到光(图17)。

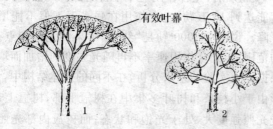

有效叶幕

图17 多主枝圆头形与疏散分层形有效叶幕层比较
1. 多主枝圆头形 2. 疏散分层形

从图17中可以看出,多主枝圆头形比疏散分层形有效叶幕层小,光合作用总体效率低。这里产生一个问题是如果树冠的大小相等,即阳光垂直投影面积相等,则阳光的总能量是相等的,为什么树体结构不同,光能的利用率不一样呢?其原因是有一个光饱和问题。根据笔者对"红星"苹果的测定,可以把光合作用与光照的关系画出一条曲线(图18)。从两者的关系可以的看出:当光照强度很低时,光合作用速率是一个负值;当光照强度达到800勒时,光合作用速

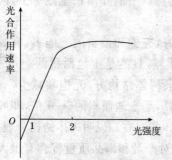

图18 光合作用速率与光强度的关系

1. 为光合作用补偿点。即光合作用与呼吸作用相等时的光强度 2. 为饱和点。即光强度再升高光合作用速率不再升高,这时的光强度为20 000勒

率为0,即光合作用和呼吸作用相等,这是补偿点。当进一步提高光强度时,光合作用速率呈直线上升。光照强度到

15 000勒以后,光合作用速率的增加开始变得缓慢;光强度达到20 000勒以后,光合作用速率不再增加。一般夏天中午光照强度能达到10万勒,光合作用在强光下不但不能增加,反而会下降。说明20 000勒是"红星"苹果的光饱和点。在光饱和的范围内,光合作用速率不再随光强度的增加而增加。

根据以上实验结果来分析,在不同的树体结构中,多主枝圆头形由于小枝条和树叶多集中在树冠上部,树冠上部的叶片所受光照强度大,处于光饱和状态;而树冠内部光照差,处于光补偿点以下。同样量的光能,这种树体结构利用率低。对于疏散分层形的树冠,主枝摆开距离,主枝之间不挡光。每个主枝上的小枝,下面多,上面少,光线能照到内部,使光照分散,光饱和现象减少,光补偿点以下的叶面积也减少了,因而大大提高了光能利用率。

由此看出,树体结构不好,光饱和浪费的光能多,有效叶幕层小。以有效的叶面积计算,只能是土地面积的3～4倍,即叶面积系数为3～4。如果树体结构好,光饱和减少,有效叶幕层大,以有效叶面积计算,是土地面积的5～6倍,即叶面积系数为5～6。两者相差40%左右。说明树体结构合理,光合作用产物可以提高40%,对产量和果品质量将会有很大的影响。

(四)果树通风透光的几种修剪技术

果树修剪最根本的问题,是树体内部要通风透光,只有通风透光才能提高光合作用的效率,提高果品的质量。因此,要搞好下面几种整形修剪工作。

1. 培养小树冠

小树冠的果园,树体之间不容易连接和郁闭。由于树冠小,阳光能照到树体内部,基本上不必考虑树体结构问题,就能达到通风透光。培养小树冠,在修剪技术上容易掌握,同时也便于树体管理和机械化操作。但是,并不是所有树种或品种都能达到树冠矮小,因为枝条不到一定的年龄是不会开花结果的。只有在保证能正常开花结果的前提下,才能尽量缩小树冠。培养小型树冠,一般有以下几种方法。

(1)实生树改成嫁接树 用种子繁殖的实生树,开始结果晚,例如核桃、板栗和香榧子等,一般要10来年树冠很大时,才能开花结果。如果用嫁接法,在苗期或幼树期用发育阶段比较老的接穗嫁接,就能提早结果,树体即比实生树明显矮小。另外,如果嫁接时用结果枝作接穗,都能提早结果,使树体矮小。

(2)利用矮化砧木 嫁接用不同的砧木对树冠大小有很大的影响。例如,将苹果树嫁接在英国东茂林(East Molling)试验站培育的 M 系砧木上,如果用 M_9、M_{26} 作砧木,其树冠只有普通树的 $1/4$;用 M_7,MM_{106} 作砧木,其树冠为普通树冠的 $1/2$。除苹果外,用宜昌橙嫁接先锋橙,嫁接树也明显矮化。用榅桲嫁接梨,可使梨树矮化;用山东的莱阳矮樱作欧洲甜樱桃的砧木,欧洲甜樱桃也能矮化等。矮化砧木的利用,是研究和实践的一个重要领域,对树冠的控制比人工修剪更有效。

(3)提早结果,以果压树 树冠生长大小和结果有明显的关系。结果开始晚,产量低,树冠即生长高大;反之,结果早,产量高,以果压树,树冠生长就矮小。在修剪上,使果树提早结果的方法很多。其中主要的是控制发育枝,培养结果枝。发育枝在果树幼龄阶段需要利用,当树冠长到一定大小后,要控制发育枝。修剪上的去强枝、留弱枝、枝条刻伤、摘心、扭梢和拿枝等,都是使发育枝转变为结果枝的方法。

(4)化学处理 施用生长抑制剂,对很多果树非常有效。例如使用多效唑(PP$_{333}$),可以抑制枝条和树体的生长,使枝条节间明显缩短,形成短而粗壮的枝条;能促进枝条花芽分化,使发育枝转化为结果枝。多效唑主要用于生长旺盛的幼树,对于已经结果的成龄树不要施用。多效唑的施用方法有土施和喷施,一般土施效果更加明显。对于旺树,在早春芽萌发前,于每棵树根际附近的土壤施3~5克,结合灌水,根系即能直接吸收,从而产生明显的效果。不同种类的果树反应不同,一般核果类果树,如桃、杏、樱桃和李等;浆果类果树,如葡萄和猕猴桃等,都非常敏感。在施用时,要注意旺树多施,生长中等的树少施,弱树不施,以便使果树树冠矮小,提前结果,有利于通风透光,提高果品的质量。

(5)修剪控冠 用修剪的方法也能控制树冠。通过修剪提早结果,以果压树,这是一方面。另外,夏季修剪容易削弱树势,在花芽分化期间清除内膛的发育枝,剪除直立枝,保留平生和下垂枝,使树体内通风透光,能促使发育枝转化为结果枝,并促进花芽分化,提高花芽的质量。到秋季还需要进行修剪,剪后不会再萌生新梢,对通风透光,叶片积累营养和安全越冬都有好处。总之,夏季修剪是控制树冠的有效方法。

2. 果树枝条开张角度

果树在自然生长时,各个枝条都有向上生长的特性,枝条之间互相向上争夺阳光,结果抱成一团,形成树冠内膛郁闭,光照不良。要使树冠通风透光,单纯依靠修剪,往往达不到良好的效果,修剪不当适得其反。因为短截一个枝条后会生长出几根枝条,结果越剪越旺。直立的枝条一般不能形成花芽;少数直立枝结果,也是品质低劣。因此,必须用人工的方法使

果树大枝以及小枝开张角度,才能达到通风透光的目的。开张角度的方法,主要有以下几种:

(1)牙签顶枝法 这是 15 年前作者试用的方法。幼龄果树主枝的基角必须开张。如果基角小,以后再拉枝时则容易将主枝劈裂。为了避免这种现象的发生,可在幼树生长出的主枝长到 50 厘米以上后,用两头尖的竹质牙签顶住分枝基部,将竹质牙签尖端插入树皮中,使枝条与树干的角度达到 80°～90°(图 19)。由于其尖端在树皮中,枝条向内有一个夹力,所以竹质牙签非常稳固,风吹不掉。枝条基角扩大了,便向外生长。操作中要注意,不能用木质的牙签,要用竹质的牙签,因为竹质的牙签不易折断。所用的竹质牙签必须是两头尖的,因为这种牙签便于定位。竹质牙签也可以自己用竹片制作,将竹签两头削尖即可,用时非常省工。幼树小枝开张了角度,就为以后大树开张角度打下了基础。

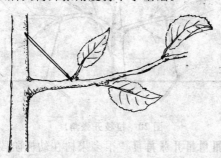

图 19　牙签顶枝法

(2)拉枝法 一般在果树 3～4 年生时,开张主枝及侧枝的角度,可用绳子将主、侧枝下拉即可。拉枝可以在秋后及冬季农闲时进行。先要准备好约一尺长的小木棍,前端用斧子削尖,而后将小棍斜向插入枝下的土壤中大半截。然后用绳子拴住枝条的中部,把主、侧枝拉成 80°~90°的角,将绳子的另一端绑在小木棍上。采用拉枝法不但可以拉下主要枝条的角度,改变枝条的方向,避免上下枝条互相重叠而挡光,而且可以将枝条拉到空缺处补充空间。拉枝比撑枝好。撑枝不能改变枝条的方向,往往支撑的角度也较小,所以应该采用拉枝法。如果做好准备工作,统一做好小木棍,并预先用锤子把它打入土中,固定在果树四周,拉枝的速度也很快。这种方法又叫"以绳子代替剪子",效果很好(图 20)

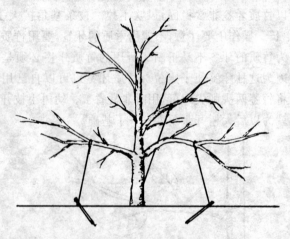

图 20　拉枝开张角度

(3)利用副梢开张角度　很多果树在幼树阶段生长旺盛,在主要枝条前端能生长出副梢。有些副梢往外向生长,角度比较开张,应在夏秋之交进行修剪,把副梢上面的主梢剪除,使向外生长的副梢作为领头枝,就可以开张角度。同时,把角度小的竞争枝(也是副梢)剪除,使营养集中到角度开张的领头枝上,促进生长。冬季修剪还可以利用外生枝开张角度。这种连年开张角度的修剪,在桃、李、杏等果树上,一般不必进行拉枝,就可以使枝条角度开张。枣树可以利用二次枝作主枝,来开张角度(图 21)。

图 21　利用副梢或二次枝开张角度

3. 篱壁式整形

在果树行间立木杆或水泥杆,和葡萄架一样拉 4~5 道铁丝,形成一面篱壁。果树有一个中心枝直立生长,由中心枝分出的主枝都以 90°角平绑在铁丝上,使主要枝条形成一个平面。所以,这种树形又叫棕榈叶树形。从主枝上生长的小枝,将其直立的疏去或捆绑成平生枝,保留斜生和下垂枝。这些枝生长在主枝的左右两边,形成结果枝。这些结果枝结果后,由于果实的重量使其角度都非常开张。篱壁式整形在法国应用很普遍,其果园基本上都用这种方式,很多欧美国家也多采用这种方式。这种方式的缺点是投资较大,但可收到一劳永逸的效果,在果树生长期可用十几年或几十年。由于这种整形方式角度开张,树形、树冠较薄,光照条件良好,因而果实品质好(图 22)。

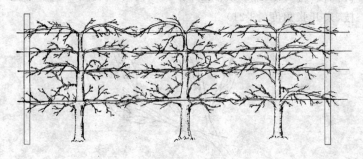

图 22　篱壁式整形

4. 分层形和开心形整形

　　果树培养小树冠,是一个总的原则。果树进入盛果期一般都需要 5 年以上的时间。在这段时期,果树必须生长到一定的大小;同时也必须有一定的体积才能负载一定量的果实。对于较大的果树如何做到通风透光,有一个叶幕层分布理想的树体结构,在整形修剪上除采用以上讲的篱壁式整形外,一般还可采取以下两种合理的树形:

　　(1)分层形　有中心主干,主枝在主干上分层分布。例如第一层有三个主枝,第二层有两个主枝,再上面第三层有两个主枝。主要是每层之间主枝不重叠,使光线能照到层间。每个主枝要培养成前端枝条少,下边枝条多的尖塔形,使阳光能照到每一个主枝下部,这样就能达到通风透光。对干性强的果树,一般可以采用这种整形方式。

　　(2)开心形　没有中心主干,在树主干不高的地方生出主枝,主枝向外伸展。例如留三个主枝以 45°角向外伸展,每个枝上一般有侧枝 2～3 个。侧枝呈水平状态,由里向外展开,结果枝分布在主侧枝上。一般对干性弱的树种整形,可采用开心形。

开心形树冠的每个主枝,也是前端枝条少,下边枝条多,呈尖塔形,阳光能照到每个主枝的下部。开心形树冠高度低,主枝少,整个树冠通风透光好,所产的果品质量好(图23)。

图23 开心形树冠

5．小更新修剪

有不少果树没培养出良好的树形,树冠内部郁闭,通风透光差,结果枝细弱,不能正常结果。对于这种果树,可以采用小更新修剪法进行改造。即将大枝回缩到3～4年生枝上,一棵大树可回缩1/4～1/5的大枝,一般回缩到预备枝上。回缩后,预备枝又能继续生长。因为生长势强,能形成良好的结果母枝。每年将前端结果枝细弱的大枝回缩1/4～1/5,这样4～5年全树枝条更新一次。这种修剪方法,适合强枝结果的果树类型采用,如板栗、荔枝和龙眼等。经过全部大枝回缩后,一方面能长出强壮的结果母枝,第二年结果母枝能抽生出良好的结果枝开花结果;另一方面大枝回缩后有利于通风透光,使枝条比较稀疏,阳光能照进树体的内部(图24)。

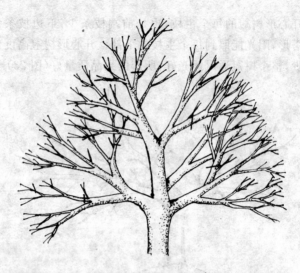

图 24　小更新修剪示意

　　用整形修剪达到通风透光，从而提高果品的品质，其方法很多，以上只是几种主要的方式和方法。采用这些方式和方法，关键是要掌握修剪的原理，由理论指导实践。这样，才能灵活掌握，达到果树的优质和丰产。

（五）铺反光膜与套果袋

　　除修剪外，还有一些其它措施，例如在果实成熟前一段时期，在果树下的地面上铺设银色光亮的反光膜。这种材料比较贵，但购置后可以反复使用多年。由于阳光加反光，能使果实多受光照，有利于上色，叶片光合作用也增强，因而有利于果品质量的提高。

　　光照对果品质量影响很大。套袋对果实品质的影响应该全面分析。从病虫害防治的角度来看，套袋避免了病虫害的侵入，没有病虫果也是提高品质的一个标准。因为果实套袋后,农药不能喷到果实表面,防止了农药直接污染问题,符合无公害绿色果品的生产要求。另外,套袋后果皮变嫩,外观美丽,再加上采收前几天摘掉果袋也能上色,使果皮形成白里透红、白里透黄等幼嫩诱人的色彩。但是,也要看到套袋也有不利的一面。绿色植物的任何含有叶绿素的组织,都有光合作用的功能。叶片在光合作用中起主要作用,果实表皮细胞也含有叶绿素,同样能进行光合作用。果实表皮光合作用的产物运送到果肉中,运输距离最近,可以很快进入果肉,对果实中的含糖量及其它养分,具有一定的影响。所以,在能有效地控制病虫害的前提下,不套袋的果实在品质上比套袋果实要高,特别是含糖量高,色香味浓等。这也说明光照对果实品质有很大的影响,通风透光是提高品质的主要因素。

六、科学管理土、肥、水是优质
果品生产的根本措施

（一）果树土、肥、水管理的特点

土、肥、水管理，对果品的质量极为重要，可以说是果品优质的基础。为了科学地进行肥水管理，首先就要了解果树在肥水管理上的特殊要求。

1. 果树各个时期对养分的不同要求

果树从种植到死亡，在同一块地上要生长十几年，甚至几十年。其生命周期包括幼龄期、初果期、盛果期、更新期和衰老死亡期等几个时期。在不同的生命时期中，由于其生理功能的差异，造成对养分的需求不同。幼龄期即是在开花结果以前，此期果树需肥量比较少，但对肥料特别敏感。要求施足磷肥，促进根系生长，适当配合钾肥，在有机肥充足的情况下，可少施或不施氮肥，以避免徒长，提早结果。幼树在定植时施足基肥，追肥可少施。初果期是果树开始开花结果的时期，但基本上还没有经济产量。这时是果树营养生长向生殖生长转化时期。施肥时，要针对树体情况区别对待。若营养生长较强，则施肥应以磷肥为主，配合施钾肥，少施氮肥；若营养生长未达到结果要求，培养健壮树势仍是施肥的重点，施肥则应以磷肥为主，配合施氮、钾肥。盛果期即是大量结果的时期。此期施肥的主要目的是保证优质丰产，维持健壮树势，提高果品质量。所以，施肥应以氮、磷、钾配合施用，并根据树势和结果量的不同，施肥应有所侧重，还要增施钙及其它微量元素肥料,以延长盛果期。在更新衰老期,施肥中应偏施氮肥,以促进枝叶生长,维持树势。

2. 年周期内养分吸收情况的变化

年周期是指一年中不同时期树体内养分的变化,可分三个时期。盛果期果树年周期的养分吸收,变化情况如下:

(1) 树体营养消耗期　这个时期是在早春,果树利用上一年贮藏的养分,进行芽的萌动、萌发及展叶。由于幼叶光合作用功能低,在生长过程中是以消耗为主。另外,开花过程是需要消耗大量养分的过程,从开花到授粉、受精、坐果及幼果的生长,都要消耗大量的营养。这个时期如果营养不足,则不能正常开花和坐果,不但影响果实产量,也影响果实品质。

在树体营养消耗期,一方面要采取疏花疏果等措施,减少无效消耗,保护幼叶,防治病虫害;另一方面要追施速效性肥料,以氮肥为主,同时要灌水补充水分,并溶解肥料,促进果树根系吸收。展叶期进行叶面喷肥,可避免降低地温,快速吸收肥料,从而使叶色迅速变绿,提高光合作用的效率。

(2) 树体营养平衡期　一般从展叶坐果后到果实基本停止生长,这一段较长的时期为树体营养平衡期。根系吸收的无机营养和光合作用的有机产物,供应树体生理活动的消耗,以满足果实的生长发育。养分的积累和消耗处于平衡状态。盛果期果树的结果量必须适当。如果结果太多,树体营养不足,果实品质就会下降;反之,结果太少,就会引起枝条旺长,形成秋梢的二次生长,由于影响树体光照,果实品质反而会下降。所以,不能认为结果越少,果实品质越好。要提高果实的品质,防止枝条旺长,进行肥水管理时,在果实膨大期及进入成熟期,要以施钾肥为主、磷肥为辅,并要补充微量元素,但要少施氮肥。要特别注意,如果多施氮肥,果实的品质会明显下降。有些果园不施有机肥,追肥只用尿素或硫酸铵与碳酸氢铵。这种果园所产果品质量极差,风味酸涩,不甜不香。这是肥水管理上特别应该纠正的一个大问题。

(3)树体营养积累期 从果实成熟到落叶,这段时期树体营养已经没有果实生长所需要的消耗,光合作用产物主要运到根部和贮藏到茎干内。这时要严格地控制病虫害,使叶片保持有很强的生理功能。对落叶果树,要尽量使其延迟落叶时间,延长叶片的功能,就能多积累营养。在落叶之前半个月,可以进行叶面喷肥,浓度可以提高一点。如喷施尿素,可喷 $1\%\sim2\%$ 的水溶液。因为在气温低的秋季,不会产生肥害。叶片吸收尿素后,不容易衰老,同时在落叶之前能把叶片中的养分几乎全部运送到枝条中。这也是落叶树木适应性的表现。树体在营养积累期能积累更多的养分,有利于安全越冬和提供翌年发芽、开花和坐果的营养需要。常绿果树秋季也是营养积累期,需要保持叶片的生理功能,直至冬季。

在果树管理上,有些果农只注意当年的经济效益,果实采收后便不再加强管理,往往导致秋季病虫害严重或肥水缺乏,从而提早落叶。果树在营养积累期养分积累少,就会影响安全越冬,以及第二年的果品产量和质量。

3. 年周期内水分需求的变化

果园的水分状况,与果树的生长发育及树体寿命长短有着密切的关系。适时灌水和及时排水,是果树优质丰产的必要条件。

果树在不同的物候期,对水分的需求不同。一般说来,果树年生长周期的前半期,充足的水分有利于生长和结果,后半期应适量控制水分,以使新梢及时停止生长,适时进入休眠,作好越冬准备。

（1）发芽前后与开花期需水情况　这时需要土壤有充足的水分，以利于萌芽、展叶和新梢生长，也有利于开花和坐果。此期对缺水反应敏感，称为缺水的临界期。在果树发芽之前通常需要进行果园追肥，而追肥必须结合灌水，才能使肥料溶解而被果树吸收。

（2）新梢生长与幼果膨大期需水情况　此时果树生理机能最旺盛，需水量最大。如果水分不足，会引起生理落果，影响产量。

（3）果实迅速膨大期需水情况　此时必须满足水分的供应，可促进果实细胞的膨大，提高叶片的功能。同时，果实膨大期一般也是花芽分化期，充足的水分能促进花芽分化。不少果树果实膨大期在7～8月份，正值雨季。如果雨水过多要及时排水，因为雨水过多，会影响土壤通气，根系在缺氧的条件下，会妨碍吸收功能的发挥。土壤的持水量最好在60%～80%，此时土壤中的水分与空气状况，最符合果树生长和果实发育的需要。

（4）果实采收前后与休眠期需水情况　一般果实采收前不宜灌水，特别不宜灌大水，以免引起裂果或降低果实的品质。在果实采收后灌水，有利于树体营养的积累。在寒冷地区，果树应于土壤冻结前灌一次封冻水，有利于安全越冬，并促进秋季施入基肥的腐烂发酵和分解。

4. 砧木对肥水吸收的影响

砧木的根系，就是嫁接果树的根系。不同类型的砧木，其根系分布、结构、吸收能力和抗性等都有不同，这也是果树不同于其它树木的特性。利用野生的砧木，可提高嫁接果树对土壤、气候的适应性。为了提高抗旱性，需要用山荆子、杜梨、山桃、山杏、野生山楂、山樱桃、山葡萄、野板栗、铁胡桃、黑枣和酸枣等作砧木,分别嫁接苹果、梨、桃、杏、红果、樱桃、葡萄、板栗、胡桃(核桃)、柿子和枣等果树的优良品种。这种嫁接果树品种,能在比较干旱的条件下提高吸收肥水的能力。

为了提高抗涝性,则可用耐涝的海棠、榅桲、毛桃、欧洲酸樱桃和红橡檬等做砧木,分别嫁接苹果、梨、桃、樱桃和柑橘等果树的优良品种。抗旱的砧木一般抗涝性较差,而抗涝的砧木则抗旱性较差。

因此,不同地区应该根据本地的特点,来选用合适的果树砧木,同时也必须根据不同的砧木来进行土、肥、水管理。例如,为了促使果树生长矮小,应利用矮化砧木。矮化砧的特点是根系不发达,主要集中在土壤表面,进行土、肥、水管理时,要重视表土的管理,并要适当加深表土层,扩大根系的生长范围。不同的砧木,对营养元素吸收的能力也有差异。如苹果在一些地方黄叶病很严重,是缺乏铁元素引起的缺铁症。用山荆子做砧木,所嫁接的果树黄叶病严重;用海棠做砧木,嫁接的果树吸收铁的能力强,能抵抗黄叶病。在肥水管理上,对于用山荆子做砧木的果树,其土壤含水量要适当降低;在较干旱的土壤中,对铁离子容易吸收。

5. 果园土壤容易产生养分不平衡

果树多年生长固定在同一块土地上,不能像一年生作物那样可以经常轮作换茬。由于树体对某些营养元素消耗量大,因而常常产生"偏食"现象。在土壤中,果树需要的营养元素往往出现不平衡,有些元素常常不足,而不需要的营养元素往往剩余过多,引起在土壤中的积累。同时,土壤中的元素之间会互相影响。例如,钾不足时,可引起缺铁;钾过多时,又影响钙和镁的吸收等。因此,果园应该经常进行测土分析,做到配方施肥。特别是微量元素很容易缺乏，会严重影响果品的质量，应及时加以补充。

（二）果树营养元素及缺素生理病害

果树正常生长需要从外界环境中吸收多种营养元素，成为组成果树树体的原料。在这些营养元素中，碳、氢、氧来自空气和水，其它元素主要来自土壤中的矿物质，又称矿质元素。

果树体内发现的元素，已知有 70 多种。但是，有些元素并非是果树所必需的元素。通过研究，发现果树必需的矿质元素有：氮（N）、磷（P）、钾（K）、钙（Ca）、镁（Mg）、硫（S）、铁（Fe）、锰（Mn）、铜（Cu）、锌（Zn）、硼（B）、钼（Mo）和氯（Cl）。其中氮、磷、钾需要量大，称为大量元素；钙、镁、硫为中量元素；铁、锰、铜、锌、硼、钼、氯需要量极小，称为微量元素。下面对每个元素的重要性及缺素症（以苹果为例，其它果树大体相似）加以分析。

1. 氮（N）

氮，是合成氨基酸和蛋白质的主要物质。所有的酶都是以蛋白质为主体。氮还是核酸、叶绿素、多种维生素和生物碱的主要组成成分。氮参与各种生物化学活动，是植物生活中不可缺少的重要元素。

缺氮，表现为叶片小，枝叶提早停止生长，叶黄从枝条基部叶开始，不断向枝梢波及。当嫩叶呈黄色时，下部老叶呈红黄色。根系分枝减少，抗病性弱。严重缺氮时，枝条细弱，叶绿素减少，可造成叶片早落，果实小而早熟，品质下降，耐贮性大大降低。氮素过多，果树贪青旺长，延迟落叶而枝条不充实，抑制花芽分化，果实色泽差，风味淡，不耐贮藏。瘠薄的山地土壤，河滩、海滩的砂质土，管理粗放，肥水不足，杂草丛生的果园，强酸、强碱性土壤，常出现缺氮症状。

2. 磷（P）

磷，是植物的细胞核、细胞质、维生素和多种酶类的主要组成元素。磷参与植物的主要代谢过程，是能量代谢中必要的元素。磷能促进果树花芽分化，促进果实、种子早熟，提高果品质量，增强果树的抗逆性能。

果树缺磷时，开花展叶延迟，甚至树梢下部的芽不能萌发。叶片小，呈青铜暗绿色，近叶缘的叶面上，发生紫褐色的斑块，叶柄和叶背主脉呈紫红色，其症状也是多从新梢基部向先端扩展。严重缺磷时，老叶变成黄绿相间的花叶状，有时产生紫红色斑块，叶缘出现半月形坏死斑，很快落叶。缺磷枝梢细弱、短小，分枝少，花芽少，果实小、着色早而无光泽，风味差，酸多甜少。严重时果实呈畸形。

果树对磷的吸收和土壤酸碱度有关。当土壤 pH 值在中性范围内时，磷的相对有效性较高；当土壤 pH 值小于 5 时，大部分磷被土壤里可溶性铁、锰等元素所固定，土壤 pH 值大于 7.5 时，大部分磷则被土壤中的碳酸钙所沉淀。因此，如果土壤不缺磷，但在过酸和过碱时也表现出缺磷的症状。此外，土壤有机质少时，也往往表现出缺磷的症状。因为有机质能吸附磷离子，可以逐步释放而被根系吸收。

3. 钾（K）

钾，在光合作用中占重要地位，是碳水化合物的运转、贮存的必要条件。钾是植物生长发育不可缺少的元素。钾广泛存在于植物体内，特别是生长旺盛的形成层、侧根生长点、幼叶和生殖器官等处钾含量高，起着主要的生理生化作用。

缺钾时，新梢基部或中部的叶片先变黄，停止生长较早，叶尖和叶缘常发生初为紫色后变褐色的枯斑,而叶的健康部分仍继续生长,使叶片呈皱缩状态。严重缺钾时,叶缘继续向内枯焦,叶片向下卷曲,最后整个叶片枯死,但多数不脱落。枝梢顶端新出叶片小而薄,也有枯焦现象。缺钾虽能开花结果,但果实小,着色淡,味差。缺钾往往是一些果园果实品质差,优良品种也不能表现出优良性状的重要原因。

4. 钙 (Ca)

钙,是植物细胞壁的重要组成元素,缺钙会影响细胞分裂。钙能调节植物体内的 pH 值,对氮的代谢也有一定的影响。钙还能降低钠、铝等离子的毒害作用。

缺钙时,新根过早停止生长,根系短而膨大。严重缺钙时,新生幼根尖端变褐坏死,逐渐向后延伸而枯死,使根系形成粗短分枝的根群,即形成所谓"扫帚根",严重影响根系的吸收功能。缺钙也影响枝条的生长,一般长到 30 厘米左右便停止生长,幼叶的边缘或近中间叶脉处产生褪绿或具褐色坏死斑点,叶缘和叶尖有时向下卷曲。缺钙果实的阴面呈黄色灼烧状,严重时皮孔突出破裂,木栓化,果蒂部分出现暗紫色或暗青色坏死斑。

果园土壤酸度大、有效态钙含量减少、土壤过于干旱等,易发生缺钙症。缺钙的苹果在贮藏期温度偏高、湿度偏低时,易发生苦痘病,在苹果表面产生细胞坏死的斑点,严重影响果品质量。钙能提高果实对低温的抵抗能力。由于大量果品的保鲜都要采用低温贮藏,在果实不产生冰冻的前提下,温度越低,一般贮藏保鲜期越长。但是果实内缺钙时,容易产生水心、黑心或果肉腐烂等多种生理病害。因此,钙能提高果实的贮藏性能,延长保鲜期。

5. 硫 (S)

硫,是蛋白质、原生质、维生素和多种酸的重要组成成分,在蛋白质、脂肪和碳水化合物等有机物合成转化中,起重要作用。

缺硫时,幼叶上首先失绿变黄。在叶肉尚保持绿色时,叶脉已变黄色。严重缺硫时,从叶基发生红棕色的枯死焦斑。

我国北方含钙多的土壤,硫容易被固定为不溶状态。南方丘陵山区的红壤土,因淋溶作用大,硫的流失严重,这些地区的果园容易缺硫。但硫也可随着施用其它含硫肥料(硫酸铵、硫酸钾等)而得到补充。所以,一般果园缺硫并不太多。

6. 镁 (Mg)

镁,是叶绿素的重要组成成分,缺镁会影响叶绿素的形成和光合作用。镁又是多种酶的组成成分和活化剂,能促进脂肪和蛋白质的形成,提高果品质量。

缺镁时,基部叶片先褪绿,最后只在顶梢留下几片薄而软的淡绿色叶片。成龄果树缺镁时,枝条上的老叶叶缘和叶脉间首先失绿,逐渐变成黄褐色。新梢细长,抗寒力降低,冬季有枯梢现象。缺镁,花芽分化不良,结果小,果实品质差,不耐贮藏。

镁在砂性土壤和酸性土中容易流失。土壤母质含镁量低的石灰质土壤,或施用较多的钾肥和石灰时,常导致土壤缺镁。缺镁易诱发缺锌和缺锰症。镁和锌有相互促进的作用。

7. 铁 (Fe)

铁,是叶绿素合成中某些酶的辅基和活化剂,影响叶绿素的形成和功能。铁参与植物有氧呼吸和能量代谢等生理活动,是植物不可缺少的重要营养元素。

缺铁时,果树则产生"黄叶病"。最初枝梢顶端的叶失绿变黄,老叶和幼叶叶脉两侧保持绿色,使幼叶呈绿色网纹状。一般秋梢生长期枝梢顶部的叶片,除叶脉外,全变成黄色或白色。严重时叶缘变为褐色,并出现褐色枯斑,最后叶片枯死脱落,严重影响果树生长和发育,果品质量明显下降。

铁在果树体内是不易移动的元素,所以,缺铁症状先出现在枝梢先端的幼嫩叶片上。碱性土壤含碳酸钙多,铁多被固定为不溶状态。含锰、锌、硼过多的酸性土壤,铁也易变成沉淀物而不能被植物根系所吸收。地下水位高,排水困难,土壤通气性差和次生盐渍化地区,果树均易发生缺铁失绿症。此外,不同砧木及不同树种产生黄叶病的严重程度,也有很大差异。

8. 锌 (Zn)

锌,参与氮的代谢,影响色氨酸和生长素的合成,也直接关系到叶绿素的合成。对于稳定一系列的生理活动,锌是不可缺少的营养元素。

缺锌时,形成果树"小叶病",主要表现于新梢和叶片上。病枝发芽晚,节间短,顶梢萌生的叶片小,簇生或光秃。叶形狭窄,叶质硬脆,呈畸形。根系发育不良,有烂根现象。

缺锌的"小叶病"常发生在砂地、盐碱地和山岭薄地的果园。果园重茬、浇水频繁、修剪过重和伤根过多,都能加重缺锌症状的发生。土壤中磷酸过多,果树根系吸收锌困难。

9. 硼 (B)

硼,参与植物分生组织的分化过程,有助于根系生长发育、形成层的形成、花芽分化和花的形成。特别是它能刺激花粉管的萌发和生长,影响受精过程和幼胚发育。硼还能促进磷和多种生物活性物质的运转,参与多种酶的形成,提高植物的抗性,使植物保持正常的生长和发育。

硼对果实的影响很大,不同树种和品种缺硼所发生生理病害的症状也不相同。各果树的缺硼症状表现如下:

苹果:形成"缩果病"。幼果期缺硼,初期果面常出现近圆形的水渍状病斑,而后逐渐扩大,最后干缩凹陷,形成不规则的"干斑"。病皮干裂,果实呈畸形,多早期脱落。没有脱落的果实大部分果肉变成海绵状,不能食用。新梢缺硼出现"帚状枝"或枯枝。

桃:缺硼时常形成"果心软木病",即在桃成熟后外表与好桃一样,往往果实很大,色泽好,外表美观。但切开果实后,可以看到在桃核周围的果肉呈现黄褐色、木栓化的海绵状组织,使靠近果核处的果肉发苦。这种"果心软木病"严重影响果品的质量。

柑橘:缺硼时花多而弱,果长不大,形成畸形或小果,皮厚而发硬。果皮内侧的白皮层及果肉果心的白皮层,有褐色的树脂沉淀,味苦,影响果实品质。

板栗:缺硼时产生空苞(空棚),即栗实刺苞在发育过程中形成核桃大小的圆球,而后中途生长停滞。到板栗成熟期,正常的刺苞由绿转黄产生离层脱落,而这种缺硼果实不脱落,甚至比叶子脱落还要晚。刺苞中的栗子是干瘪的,只有蚕豆大小,而且有壳无肉,无食用价值。

草莓:缺硼时,草莓果实产生畸形,大部分果实变扁。

缺硼可引起或加重果树的其它病害,如桃树的流胶病,苹果的粗皮病、果锈病和腐烂病,葡萄导管坏死病和梨花干缩病等。

果园土壤的性质,与可给态硼的含量有很大的关系,一般砂性土壤含硼量少,黏性土壤含硼量多;碱性土壤和含钙量过多的土壤,硼易形成不溶解状态,果树不能吸收;海滩、河滩、瘠薄山地和盐碱地果园,含硼也少;干旱的年份和干旱地区,发病较重,土壤有机质含量高时发病较轻。

10. 锰 (Mn)

锰,是植物体内许多酶的组成成分和酶的活化剂。锰参与光合作用和叶绿素的合成,改善植物体内物质运输、转化和合成功能。锰还能促进花粉萌发、花粉管的伸长和促进果实膨大。

缺锰时,叶片失绿,开始时叶片变为黄绿色,叶片的主脉和中脉仍保持绿色,形成斑块状失绿,继续发展成全叶变黄色。缺锰前期像缺镁,后期像缺铁。其区别是:缺锰时,都从新梢中部开始,向上下两个方向扩展;而缺镁失绿都从基部开始向上发展,缺铁则首先在新梢前端失绿,自上而下地减轻。这是缺锰和缺镁、缺铁的主要区别。

锰的最适 pH 值为 $5\sim6.5$,故果园土壤偏碱时,锰呈不溶状态,易发生失绿症。但在酸性土壤却常因锰过多而产生粗皮病等多锰症。

11. 钼 (Mo)

钼,是硝酸还原酶的主要组成成分。该酶可将硝态氮还原成铵态氮。钼还是固氮酶的成分之一,可以促进豆科植物的固氮。钼能减少因土壤中锰、镍、锌、铜和钴过多而引起的生理性病害。

缺钼时,表现叶片小、色淡、脉间失绿,多从枝条中部向上扩展。严重缺钼时,叶片端先枯焦,逐渐沿叶缘向下扩散,并向叶内发展,叶片向下卷曲。叶缘部分常积累较多的硝酸盐。因为硝态氮不能还原成铵态氮而形成氨基酸,因而产生毒害。

在黄土母质发育的土壤,含钼量少,如黄河、淮河和湖滨冲积的土壤,含钼量都较少;红壤等酸性土壤,虽含钼量较多,但有效钼较少。钼的最适 pH 值在 6 以上,酸性土壤施石灰,缺钼病树往往可以康复。

12. 铜 (Cu)

铜,是许多酶的重要组成成分。铜参与叶绿素的形成及影响光合作用、呼吸作用和维生素的合成,并能提高果树的抗逆性。

缺铜时,植株瘦弱,新梢的幼叶尖端失绿变黄,重者叶脉呈白色,叶片变畸形,脉上有锈纹斑,随后变褐干枯脱落,形成光条或枯梢。一般新梢多干枯到 10～30 厘米处,翌年干枯处下部又萌发出新梢,这样反复多次形成丛生的细弱枝群。

果园为石灰性土壤、砂质壤土、砂质黄潮土者,有效含铜量少。由于果树需铜量很少,所以,一般果园不缺铜,特别是新建果园和经常喷波尔多液的果园很少缺铜。

除以上 12 种元素外,氯(Cl)元素也是必要的微量元素,但土壤中一般不缺。目前认为,16 种元素是植物必需的元素,缺少哪一种都不能进行正常的生命活动。但还有一些元素对果树也有一定的作用,如硅、钛、硒、钴、镍和铯等,其生理功能尚需进一步研究。

(三)营养元素与土壤环境的关系

以上叙述的营养元素,在土壤环境中,要考虑二种情况:一方面是某元素在土壤中的含量,是否能满足果树的需要;另一方面是这种元素存在的状态,能否被果树吸收和利用。往往土壤中并不缺乏,但是果树不能吸收。对于微量元素来说,后一种情况更为重要。这里首先要了解各种元素之间的相互关系。

1. 土壤中各营养元素之间的相互影响

氮:施用过量的钾和磷会影响氮的吸收;缺硼则不利于氮的吸收。

磷：增加锌可减少对磷的吸收；多氮不利于磷的吸收；铁对磷的吸收也有拮抗作用；增施石灰，可使磷成为不可利用态；镁可促进磷的吸收。

钾：增加硼，可促进对钾的吸收；锌过多可减少对钾的吸收；多氮不利于钾的吸收；钙和镁对钾的吸收有拮抗作用。

钙：钾过多影响钙的吸收，降低钙的营养水平；镁过多，则影响钙的运输，镁和硼与钙有拮抗作用；铵盐能降低钙的吸收；土壤含钠、硫、铝和锰过多，影响对钙的吸收。

镁：钾过多影响镁的吸收；多量的钠和磷不利于镁的吸收；多氮可引起缺镁；镁和钙、钾与铵之间，有拮抗作用；过多施硫酸盐可造成缺镁。镁可消除钙的毒害；缺镁易诱发缺锌和缺锰，镁和锌有互相促进作用。

铁：多硼影响铁的吸收而降低植物中铁的含量；硝态氮影响铁的吸收；钾不足可引起缺铁；大量的氮、磷和钙，都可引起铁的缺乏。土壤中很多元素都能引起缺铁，按影响的程度顺序为镍＞铜＞钴＞锌＞钼＞锰。

硼：铁和铝的氧化物过多可造成缺硼；过多的铝、铁、钙、钾和钠的氢氧化物，可造成缺硼；长期缺乏氮、磷、钾和铁，会导致硼的缺乏；氮量的增多，需硼也增多，会导致硼的缺乏；高锰时影响硼的吸收。

锰：钙、锌、铁和铜过多，会阻碍对锰的吸收；铁的氢氧化物，可使锰呈沉淀状态，植物不能吸收；硫和氯可增加有效态锰，有利于植物吸收。

钼：硝态氮有利于钼的吸收，铵态氮不利于钼的吸收；硫酸离子不利于钼的吸收；过多量的钙、铝和铅，以及铁、铜与锰，都阻碍对钼的吸收；缺磷时也引起缺钼，增加磷，对钼的吸收有利；磷多时需钼也多。因此，磷过多时常会导致钼的缺乏。

锌：硝态氮有利于锌的吸收，氨态氮不利于锌的吸收；磷、钾和钙过量，都影响锌的吸收；锰、铜和钼过多，也不利于锌的吸收；镁和锌之间有互相促进的作用；锌会拮抗铁的吸收。

铜：施用硫酸铵和硫酸钾等生理酸性氮或钾肥，可提高铜的吸收。土壤中含碳酸和钙多，阻碍铜的吸收；铜与铝、铁、锌和锰元素之间，有拮抗作用。

2. 土壤酸碱度对营养元素吸收的影响

土壤的酸碱度对营养元素的正常吸收有很大的影响，因为每种元素的可溶态与土壤中溶液的酸碱度密切有关。不合适的酸碱度可形成不可溶解的状态，从而影响果树对它的吸收。不同元素的可吸收状态，与土壤酸碱度的关系如图 25 所示。

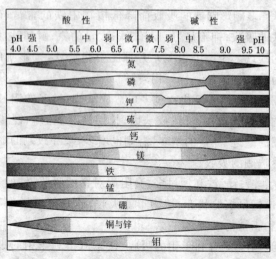

图 25　不同元素可给态与土壤 pH 的关系

从图 25 可以看出，氮的最适 pH 值为 6～8，磷的最适

pH 值为 6.5～7.5 或 8.5 以上，钾的最适 pH 值为 6～7.5，硫的最适 pH 值在 6.0 以上偏碱性方向，钙的最适 pH 值为 6.5～8.5，镁的最适 pH 值为 6.5～8.5，铁的最适 pH 值为 6.5 以下偏向酸性，硼的最适 pH 值为 5～7，锰的最适 pH 值为 5～6.5，锌和铜的最适 pH 值为 5～7，钼的最适 pH 值在 6 以上向碱性方向。

从以上元素的性质看出，pH 值为中性的土壤，一般有利于各种营养元素的吸收；酸性土壤容易缺钙、镁及钼等元素；碱性土壤容易缺钾、磷、铁、锰和硼等元素。为了提高果品质量，必须注意所缺乏元素的补充。更重要的是要改良土壤，多施有机肥。通过微生物的作用使有机肥料产生腐殖质，而腐殖质可吸附各种营养元素，通过逐渐释放，供给果树的需要。所以，增加有机肥是提高土壤肥力的重要手段。

（四）坚持以有机肥为主、化肥 为辅的施肥原则

1. 有机肥的作用

有机肥料包括人粪尿、厩肥、禽肥、家畜粪肥、绿肥和堆肥等农家肥料，也包括杂草、枯枝落叶、农作物秸秆以及沼气池的肥渣、养蘑菇的废料等。有机物中含有各种营养物质，包括大量、中量和微量元素。通过土壤微生物的活动，可使有机肥不断分解释放出各种营养元素。有机肥在矿质化的过程中，同时进行着腐殖化，形成腐殖质，包括各种腐殖酸。它是复杂的有机胶体，能改良土壤，使土壤形成团粒结构，提高土壤的通气性，改善土壤的物理性能，达到保温、保湿、通气的状态，有利于果树根系的生长。有机肥在分解过程中，还能产生多

种有机酸；使难溶性的养分转化为可溶性的养分，提高养分的有效性。有机肥被土壤微生物分解产生腐殖质，不但能改变土壤的物理性能，还能改变土壤的化学性质。腐殖质含有有机胶体物质，带有大量的负电荷，因而具有吸附大量阳离子和水分的能力：一方面在有机物分解过程中产生的营养元素，能吸附在腐殖质大分子上；另一方面，合理地施用化肥，施入土壤中的营养元素也能被腐殖质大分子所吸附，使化肥不容易流失，而逐步被果树吸收。所以，有机肥能改变土壤的物理、化学性质，提高土壤的保肥保水能力。

　　有机肥是营养成分比较全的肥料，但不同种类的有机肥料，其营养元素的含量有很大差别。动物粪便，包括人的粪便，是重要的一类有机肥。其肥料的成分和食物有关：一般来说食肉性以及杂食性动物，如猪、鸡、鸭、鹅和狗的粪尿，以及人的粪、尿，含氮量和含磷量比较高，含钾比较低；食草动物，如牛、羊、马和兔的粪尿中，含钾比较高，含氮和磷比较低。食草类动物粪尿的营养元素含量和所食草的种类也有关，如果多吃豆科植物，因食物的含氮量高，粪便中含氮量也同样高。草木灰主要含钾，也有磷和其它元素，但没有氮。秸秆也是很好的有机肥，含钾量较高，豆科植物的秸秆含氮量高，秸秆最好粉碎后和动物粪便混合，有利于微生物的活动，促进秸秆的分解。绿肥主要是豆科植物，含氮和钾比较高，也含磷。一般杂草和枯枝落叶，含钾量较高，含氮较少。土杂肥，如炕土、墙土、河泥和垃圾等，总的养分较少，相对而言，其中的钾和磷较多些，还有其它营养元素。

　　有机肥虽然具有很多优点，但有机肥肥效慢，一般施肥后不能立即起作用。不少有机肥有效营养元素含量低，往往不能满足果树的需要。

2. 化肥的作用和存在的问题

化肥，即化学肥料，又叫商品肥料或无机肥料。植物并不能直接吸收有机物，有机物必须经过微生物分解，形成无机的营养元素，一般呈离子状态后，植物才能吸收，如 NH_4^+，NO_3^-，K^+，PO_4^{-3}，Ca^{2+} 和 Mg^{2+} 等。植物吸收无机盐后，通过光合作用合成有机物，有机物是动物的食品，通过微生物的作用，把动物的排泄物及动植物的尸体又被分解成无机营养元素，而后再被植物吸收。这就是大自然的物质循环及能量的循环的一个重要组成部分。人们到 19 世纪对大自然物质循环有了新的理解。以法国化学家利比希为代表的科学家，提出了植物吸收矿质营养的理论。在这种理论的指导下，人们创造了化学肥料工厂。实践证明，化学肥料施入土壤后，可以直接被植物所吸收，大大提高了农作物的产量。无土栽培也是一种完全使用化肥培养的高产栽培方式。可以说化学肥料的发明和应用，是农业生产上新的里程碑，是农作物从低产到高产的重要保证。

化肥的优点是：养分含量高，肥效快，果树缺乏或需要某一种营养元素，就可以补施某一种营养元素，达到对症下药。它的贮藏、运输和使用都很方便。但是，化肥必须和有机肥结合施用。如果光施用化肥，不施有机肥，而且化肥用得过多，化肥则会产生流失。其中一部分进入江河湖水中，可引起整个水体富营养化，促进藻类过量繁殖，使水质恶化，造成鱼、虾等水生动物的死亡。另一部分化肥，特别是硝态氮向地下淋洗，流入地下水中，引起地下水硝酸盐含量增加，使硝酸盐含量超标，达 50 毫克/升以上。如果人们长期食用硝酸盐超标的地下水就会危及人们的健康，甚至引发癌症。另外，有的化肥如硫酸铵，其铵离子能取代土壤颗粒上吸附的钙离子，钙离子与硫酸根结合形成不溶性的硫酸钙而沉淀,引起土壤板结。从以上情况可以看出,化肥存在的问题及所产生的副作用很多。但是,化肥不会污染果品。认为多施化肥的果品有毒,这是不正确的。

3. 以有机肥为主,化肥为辅,是科学的施肥原则

有机肥营养含量全面,能改良土壤,提高土壤肥力,但有效养分含量较低,作用较慢;化肥养分含量高,见效快,但营养不全面,容易流失。把有机肥和化肥结合起来,以有机肥为主、化肥为辅,可以取长补短,发挥双方的长处,克服各自的短处。对于果树来说,由于长期生长在同一块地上,要求土壤能持续提供各种养分,但又要有利于根系长期的生长发育,特别是要生产优质果品,需要各种营养元素与最佳生存条件环境的紧密配合。所以,对果树施肥,应该以有机肥为主,化肥为辅,并进行科学测土配方施肥。

(五)果树的科学施肥技术

1. 果树施肥的原则

果树施肥的目的,在于满足果树对各种养分的需要,稳定产量,提高品质。施肥要考虑果树的生长发育特点,做到改良土壤,养根护根,与科学施肥相并举,力求使各种养分保持平衡。

(1)改土养根与施肥并举的原则 根系生长与吸收肥水,需要良好的土壤环境,要考虑土壤水、肥、气、热的协调和稳定。我国果园大都分布在土壤瘠薄的山坡丘陵地、沙滩或荒地。土壤肥力差,保水保肥性能弱,必须增施有机肥,促进土壤微生物的活动,增加土壤有机质,对化学肥料保存和稳定供应也起到良好的缓冲作用,使土壤保水、保肥又通气,在冬季还能保温。在这种条件下,果树根系生长良好,吸收肥水的能力强,能有力

促进地上部分生长良好,产量稳定,果品质量提高。

(2)平衡施肥的原则 平衡施肥,也叫养分平衡配方施肥,是综合利用现代施肥的科技成果。它根据果树需肥规律、土壤供肥特性与肥料的效应,采用恰当的施肥技术,按照合理的比例,适量施用氮、磷、钾肥和微肥。因此,平衡施肥要考虑果树需肥规律、土壤供肥性能和肥料效应三个方面的条件。平衡施肥的关键,是根据这三个条件确定合理的配方,并按照果树产量、果树需肥量、土壤供肥量、肥料利用率和肥料的有效养分含量五个参数,将比例平衡的施肥量计算出来。

进行平衡施肥,不能只考虑氮、磷、钾三要素,还要特别注意微量元素的供应。果树的产量和品质,与所有营养元素都有关系。为了获得产量稳定的优质果品,需要保证果树能从土壤中吸取多种足量的营养元素。发明化肥的科学家利比希提出最小养分定律,即决定植物产量的是土壤中那个相对含

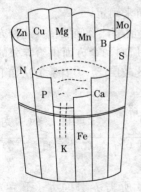

图 26 最小养分定律图解
(如果质量高为满水,图中 K 为影响质量的主要因子)

量最小的有效植物生长因素,即最小养分,产量和品质也在一定限度上随着这个因素的增减而相对地变化。最小养分,是指土壤中相对作物需要而言含量最少的养分,而不是土壤中绝对含量最少的养分。从营养意义上讲,最小养分就是影响作物产量和品质提高的制约因素或主要矛盾。为了使这一施肥理论更加通俗易懂,这里用木桶进行图解(图 26)。图26 中的木桶是代表不同养分含量的木板组成的,贮水量多少(即水平面的高低),表示果品

质量的高低；也就是说，果树果实的品质高低，取决于表示最小养分的最短木板的高度。这个图解，充分说明了平衡施肥的重要性。图中把钾（K）作为影响果品质量的主要因子，其用意在于强调钾（K）的重要性。

2. 果园施肥量

适宜施肥量的确定，是一个非常复杂的问题。以前施肥，一般根据经验确定施肥量。例如树势弱则要多施氮肥；果树旺长不结果，说明氮肥过多；果树有小叶病是缺锌，早春需喷硫酸锌等。有经验的果农做到看土施肥、看树施肥和看天施肥。这些经验是很宝贵的，仍然是施肥时可以应用的经验。另外，要根据结果量来施肥，如"斤果斤肥"，或"1斤果2斤肥"。即一棵果树如果产100斤果，则要施有机肥100～200斤，以补充树体营养的消耗，这也是按经验的施肥量计算。由于肥料的种类不同，果园的肥力不同，科学的施肥数量与施肥方法，应通过计算或通过营养诊断来确定。

（1）目标产量法 即按计划产量来计算施肥量。这种方法是根据果树产量的构成，由土壤和肥料两个方面供给养分的原理，来计算施肥量。这种方法应用比较广泛。其计算方法如下：

$$计划施肥量（千克）=\frac{果树计划产量所需养分总量（千克）-土壤供肥量（千克）}{肥料养分含量（\%）×肥料利用率（\%）}$$

以上公式中，果树计划产量所需养分总量（千克）=

$$\frac{果树计划产量}{100}×形成100千克经济产量所需的养分数量，$$

$$肥料利用率（\%）=\frac{施肥区果树体内该元素的吸收量-不施肥区果树体内该元素的吸收量}{所施肥料中该元素的总量}×100\%$$

土壤养分供给量（千克）＝土壤测定值（毫克/千克）×0.15×矫正系数，0.15 为土壤测定值（毫克/千克）换算成每 667 平方米土壤养分含量的（千克）换算系数。矫正系数（即果树对土壤养分的利用率）＝$\dfrac{\text{空白区产量×果树单位产量的吸收量}}{\text{土壤养分测定值（毫克/千克）×0.15}}$

在目前一般栽培管理水平下，化学肥料氮肥的利用率一般为 30%～60%，磷肥的利用率为 10%～15%，钾肥的利用率为 40%～70%。有机肥的利用率较低，一般腐熟较好的厩肥利用率在 10% 以下，在实际计算时，土壤供肥量约等于土壤养分含量测定值与每公顷耕作层土壤重（约 2 250 000 千克）的乘积。

例如，某地土壤有效磷测定值为 5 毫克/千克，某果树对土壤磷素养分的利用率为 40%，假定该果树目标产量为 30 000 千克/公顷，形成 100 千克产量需 P_2O_5 的量为 0.75 千克，某种磷肥利用率为 10%，含 P_2O_5 的量为 40%，则用目标产量法计算情况如下：

$$\text{施磷肥量（千克）}＝\dfrac{30\,000×0.75/100-5×0.15×40\%}{40\%×10\%}$$

＝4 500 千克，即每公顷应施该种磷肥 4 500 千克。

(2) 植物组织分析营养诊断　通过观察果树生长发育的情况来决定施肥量。这就需要从表到里地分析果树中各种养分的含量。常用的是进行叶片分析。通过大量分析数据表明，同一个树种或品种，正常发育的植株，其叶内各种营养元素的含量，即使在不同国家和地区，其含量也是基本一致的。因而通过广泛收集各地同一树种或品种结果植株叶分析的数据，可以得出该树种或品种叶片中营养元素的正常值、缺乏值或中毒值的范围。

世界各国进行果树营养诊断时，多数学者主张在新梢停止伸长、叶片成分变动少的时期取样,而且一般要取树冠外围的中部叶片。综合世界各国与我国测定的主要落叶果树叶片分析结果,其正常值范围如表2所示。

表2　主要落叶果树叶片分析的正常值范围

树种	叶片养分正常值(%)				
	N	P	K	Ca	Mg
苹果	1.8～2.6	0.15～0.23	0.8～2.0	1.0～2.0	0.3～0.5
梨	2.0～2.4	0.12～0.25	1.0～2.0	1.0～2.5	0.25～0.80
桃	2.8～4.0	0.2～0.4	1.5～2.2	1.5～2.4	0.30～0.6
葡萄①	0.6～1.3	0.10～0.34	1.0～2.5	1.0～1.8	0.26～0.5
樱桃	2.5～2.9	0.15～0.25	1.0～1.8	1.5～2.1	0.4～0.7
核桃	2.5～3.3	0.1～0.3	1.2～3.0	1.0～2.0	0.3～1.0
山楂②	2.0～2.5	0.13～0.14	0.6～0.7	1.8～2.0	0.4～0.5
杏	2.4～3.0	0.19～0.25	2.0～3.5	2.0～4.0	0.3～0.8
李	2.4～3.0	0.14～0.25	1.6～3.0	1.5～3.0	0.3～0.8
柿	1.57～2.0	0.1～0.19	2.4～3.7	1.35～3.11	0.17～0.46
草莓	2.5～3.5	0.3～0.5	1.5～2.5	1.0～2.0	0.4～0.6
猕猴桃	2.4～2.6	0.17～0.23	1.5～1.9	3.1～3.8	0.4～0.5

树种	叶片养分正常值(毫克/克)				
	Fe	Mn	Cu	Zn	B
苹果	150～290	40～150	5～15	15～50	30～60
梨	100～200	30～60	6～50	20～60	20～50
桃	100～200	35～150	7～25	20～60	25～60
葡萄①	30～100	30～150	10～50	25～50	25～60
樱桃	90～210	35～150	12～17	16～28	20～60

续表 2

树　　种	叶片养分正常值（毫克/克）				
	Fe	Mn	Cu	Zn	B
核桃	—	30～350	4～20	20～200	35～300
山楂②	177～217	28～41	4～5	17～19	27～32
杏	100～250	40～160	5～16	20～60	20～60
李	100～250	40～160	6～16	20～50	25～60
柿	52～124	238～928	1～8	5～36	48～93
草莓	70～200	50～350	5～10	30～50	35～50
猕猴桃	—	104～190	5～15	15～22	31～42

注：①系叶柄含量　②系一个果园的测定数据

从表 2 中可见，不同果树叶片中各种元素的适量范围不同。核果类果树除铜外，各种元素含量均高于其它树种；磷的含量以草莓为最高；猕猴桃对钙、镁、锰的需求量，大于其它果树；柿和山楂的铜、锌含量，低于其它果树。这些特性是遗传性的表现，在施肥时应加以考虑。

在果树测定时，可把叶分析的结果与世界各国或省级测试单位所测得的正常值范围进行比较。低于正常值范围的，需要及时补充；高于正常值范围的，不必要补充；在正常值范围内，只需要补充消耗。如某果园梨树叶分析结果，氮为 2.5％，磷为 1.8％，钾为 0.8％，钙为 2.9％，镁为 0.8％，钾需要立即补充，钙和镁不需要补充，氮和磷只需要补充消耗。进行标准值参比，可以比较直观地反映某元素的盈亏状况，这也是指导施肥量，施何种肥料的参考依据。

3．测土施肥

植物需要的矿质元素，主要来源于土壤。各矿质元素的有效性,与果园有效土层的深度、理化性状和施肥方法等有关。因此,在进行植株诊断时,还必须进行土壤诊断。首先要测定土壤中养分的含量,包括有机质的含量,全氮量以及有效的即果树能吸收的氮、磷、钾含量。微量元素中容易缺乏的有效铁和有效锌等,也要测定。测定结果可以和各地的分级标准进行比较。养分含量在中等以下时,应及时补充,才能防止缺素症,满足果树生长发育的需要。山东苹果产区提出的五级养分含量范围如表 3 所示。

表 3 山东省果园五级土壤养分含量范围

项　　目	较　高	适　宜	中　等	低	极　低
有机质(%)	>1.0	0.8～1.0	0.6～0.8	0.4～0.6	<0.4
全氮(%)	>0.08	0.06～0.08	0.04～0.06	0.02～0.04	<0.02
每 100 克土碱解氮(毫克)	>12	9～12	6～9	3～6	<3
有效磷(微克/克)	>20	10～20	5～10	3～5	<3
有效钾(微克/克)	>150	100～150	50～100	30～50	<30
有效锌(微克/克)	>3.0	1.0～3.0	0.5～1.0	0.3～0.5	<0.3
有效铁(微克/克)	>20	10～20	5～10	2～5	<2

从表 3 中可以看出,当 100 克土中含有机质 0.8～1.0 克,含全氮 60～80 毫克,含碱解氮 9～12 毫克;每克土中含有效磷 10～20 微克,有效钾 100～150 微克,有效锌 1.0～3.0 微克,有效铁 10～20 微克,是土壤肥力比较适宜的范围;适当降低,是中等范围;明显降低,则是缺乏的范围。在测土时,取样非常重要。由于一般施肥不可能非常均匀,所以,在取样时

要多取几个点，以便能得到不同地区耕作层中不同深度土壤的平均值。

土壤中影响养分有效性的因素很多，例如土壤的 pH 值、持水量、微生物含量和代换性盐基量等，以及根系的吸收特点，养分向根表移动的速率，都影响养分的吸收和利用，经常会出现分析的结果与树体营养状况相关性不明显的现象。因此，测土施肥要和叶分析等方法结合起来，才能获得更好的效果。

施肥时，必须考虑土壤的特性。据山东省对部分苹果园的调查，不同土壤的营养情况如下：棕壤土苹果园，最缺乏的元素是钾，最不缺乏的元素是镁、硼、铁和磷，多施钾肥能明显提高果品质量和得到较高而稳定的产量。棕壤土果园中，钙比较缺乏，氮、锌、锰也是比较缺乏的元素，必须不断补充。褐土果园苹果最缺的营养元素是锰和钾；最不缺的是镁，其次是硼、钙和磷；氮、锌和铁是较缺乏的元素。所以，首先要补钾和锰，对于氮、锌和铁也要不断补充。潮土果园苹果最缺的是氮和锰，最不缺的是镁，其次是硼。在施肥时，首先要多补足氮和锰；另外，对磷、钾、铁、钙和锌也要适当增施。

对于主要养分施肥的比例，各地都有一个参考数，如山东地区，一般盛果期果树氮、磷、钾三要素的施肥比例为 $10:5:8$；辽宁渤海湾地区，果园氮、磷、钾比例：在幼树期为 $2:2:1$；结果期为 $2:1:2$。西北黄土高原地区，土壤含磷低，大多为钙质土，磷容易被固定，故宜多施磷肥，其适宜的氮、磷、钾比例为 $1:1:1$。

4. 合理的施肥时期

肥料的施用时期，与气候土壤条件、肥料的种类和性质、肥料的施用方法，以及果树的种类与生理状况有关。合理施肥的原则是,要及时满足果树的需要,提高肥料的利用率,并要尽量减少施肥的次数而节省劳力。

(1)有机肥的施用时期 习惯上,把有机肥作为基肥施用的时期有三个:第一个时期是在秋季,大约在落叶前一个月;第二个时期是在秋末冬初,从落叶到封冻前;第三个时期,是在春季土壤解冻至发芽前。比较以上三个时期,最好是在秋季施基肥。秋施基肥的优点是,有机肥施后有充足的时间腐熟,而且由于土温较高,能使施肥时挖断根的伤口愈合,并发出新根。因为此时正是根系生长高峰期,根恢复和吸收力较强,可以提高树体贮藏营养的水平,并可促进花芽的发育和充实。秋季气候转冷,不会再萌生新枝,树体有较高的营养贮备。到早春后,原来土壤中秋施有机质分解的养分,能及时供应果树,可以满足春季发芽、展叶、开花和坐果,以及抽生新枝的需要。第二个时期是秋末冬初施基肥,其优点是可以将枯枝落叶开沟深埋,有利于清洁田园,消灭过冬病原菌和害虫。同时这时正值农闲,但对果树早春生长发育作用较小。第三个时期是早春施有机肥,对果树春季展叶、开花和坐果,基本无作用,施肥伤根后,根的愈合还要消耗营养,甚至影响根系对水分、养分的吸收。所以,春季施有机肥,特别是没有腐熟的有机肥,是不科学的。

干旱的山区,有的没有灌水条件。如果施用有机肥后不立即灌水,就不能收到应有的效果。因此,基肥可以在雨季土壤墒情好时施用。但是,施用的有机肥一定要充分腐熟,而且施肥速度要快,并注意不要伤粗根。因为雨季果园杂草很多,可以结合开沟施肥,将杂草连同表土和肥料,一同埋入沟内,既能增施有机肥料改良土壤,又能消灭杂草。苜蓿、田菁和苕子等绿肥植物,可在开花前集中收割一次,加入少量磷肥后,浅埋于树下。地边种植的紫穗槐,可在6月上旬割刈一次,埋入土中作绿肥。

(2)化肥的施用时期　果树作为多年生植物,贮藏营养水平的高低,对其生长发育特别重要。因此,对任何树种都要重视秋季施基肥,施肥时间最适宜安排在落叶前一个月。如华北地区,在9月下旬施基肥,施肥种类以有机肥为主,配合用钾、磷、氮化肥,有微量元素缺乏症及缺钙的果园,也可将微量元素及含钙的化肥,和有机肥混在一起施用。化肥和有机肥在一起施用,可以减少化肥的流失和提高其效率。例如,磷肥很容易被土壤固定,应把磷肥和厩肥等有机肥拌在一起,经微生物分解后,磷肥就容易被果树吸收。秋季施基肥的用量,应占全年施肥量的2/5(指有效肥含量)。春季,是果树生长发育最快的时期,氮肥需求量大。对于弱树和结果较多的树,在萌发前或开花前后必须追施一次以氮肥为主的肥料,最好是以氮为主的复合肥,施肥量约占全年施肥量的2/5,以满足它生长发育的需要。但是,对于幼树及旺长树,此期不要施肥,以防生长过旺,影响结果。

在果树花芽分化期追肥,可促进花芽分化,提高花芽质量。此时,大多数果树果实处于膨大期,及时追肥可减少生理落果,促进果实膨大和提高品质。例如,苹果花芽分化期集中在6月中旬,追肥时间可在6月初;桃、杏、李等核果类果树,花芽分化稍晚一些,追肥时间可适当晚一点;甜樱桃花芽集中分化期在采果后10～15天,追肥时间应在采收后立即进行。此时施肥量约占全年施肥量的1/5。

对于施肥时期、肥料种类和数量,要考虑果树不同年龄阶段的要求。据测定,在幼树阶段应以施磷肥和氮肥为主,少施钾肥,施肥时期以秋季为主;生长正常时不施追肥。树体长到一定大小，准备进入结果期的树，应控制氮肥，增施磷肥和适量施钾肥，施肥时期以秋季和花芽分化期为主。对于盛果期的大树，应以氮、磷、钾肥配合施用，并增加钾肥的用量，其施肥时期应三个时期并重。衰老期的果树，应增加氮肥的施用量，并以春、秋两季施用为主。

果树的树势不同，其施肥时期的确定也应区别对待。弱树应以发芽前和秋季施肥为主；旺长树只需在秋季施基肥；结果太多的大年树，应加强花芽分化期和秋季追肥；结果很少的树，应注意前期和秋季追肥；丰产稳产树应以秋季施基肥为主，可在萌芽前后（或开花前后）、花芽分化期和果实膨大期，少量补充肥料。

在施肥时，要考虑到不同的化肥，其肥效有的快，有的慢。难溶性的肥料和微量元素肥料，一般作基肥施用，如过磷酸钙、磷矿粉和钙镁磷肥等。速效的氮、磷、钾肥，如尿素、硫酸铵、碳酸氢铵、氨水、磷酸二铵、硫酸钾、硝酸钾和氯化钾等，一般适宜作追肥用，也可以用来作基肥。另外，复合肥由多种元素组成，可以作基肥，也可以作追肥。

5. 施肥方法

施肥方法，包括土壤施肥和叶面喷肥两种。叶面喷肥以后单独分析和论述，此处着重介绍土壤施肥的方法。土壤施肥主要有以下几种方法：

（1）定植前施足基肥　果树栽植后，肥料就无法施到果树的下面，所以，定植前一定要施足基肥。定植前施肥，有利于根系向下生长，可收到根深叶茂的效果。特别是山坡薄地，结合土壤改良施足基肥非常重要。在瘠薄土壤上，可挖直径为1～1.5米，深1米的定植坑，在坑内填入厩肥、堆肥和秸秆等有机肥，同时填入附近的杂草、枯枝烂叶和表土，并要混合施入一定量的磷肥或钙、镁、磷等复合肥,而后回填表面熟土后踏实,以防栽苗后浇水时坑土下沉。也可以在前一年挖坑施肥、埋草和填熟土,使之在雨季时穴内积水淤土和熟化,到第二年春季栽树,效果更佳。

(2)环状施肥 这种施肥方法特别适用于幼树施基肥时采用。具体方法是:在树冠外沿挖宽 40～50 厘米、深 50～60 厘米的环状施肥沟,把有机肥与土按 1∶3 的比例及一定数量的化肥掺和均匀后填入沟中。随着树冠的扩大,环状沟也逐年向外扩展(图 27)。

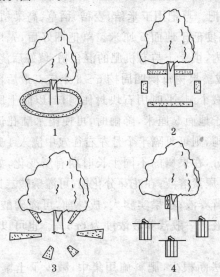

图 27 几种不同的施肥方法
1. 环状沟施肥 2. 条状沟施肥
3. 辐射状施肥 4. 地膜覆盖穴贮肥水法

(3)条状沟施肥 在树的行间或株间开施肥沟,沟宽、沟深同环状施肥沟。此法适用于密植园施基肥。

(4)辐射状施肥 此法适合给结果期果树施肥采用。采用此法,可促进果树根系立体生长,增加吸收面积。其方法是:从距树干 50 厘米处开挖放射沟,沟宽 30～50 厘米,深度在靠近树干处要浅一点,以免损伤大根,向外则逐渐加深和加宽,在每株果树周围挖 3～6 条沟,具体数量依树体大小而定,每年放射沟的位置要变化。所施用的肥料,为各种有机肥,并结合施用化肥,如硫酸亚铁、硫酸锌和硼砂等肥料。

(5)地膜覆盖穴贮肥水法 在早春果树萌芽之前,于树冠外沿挖深 35 厘米,直径为 30 厘米的穴,穴中立放一捆直径 30 厘米的草把。草把用玉米秸、麦秸、稻草、高粱秸和豆秸制作均可,其高度低于地面 5 厘米。草把捆好后,先用水泡透,然后放置穴内,填上土与有机肥的混合物,填好后浇灌营养液 4 升。一般成龄果树每棵四周挖 6～8 个穴。最后覆膜,并在地膜的中心戳个洞,平时用石块封住洞口,以防上肥液蒸发。由于肥穴低于地面 5 厘米,降雨时,可使雨水顺孔流入穴中。如果天不下雨,则可每隔半个月左右往穴中浇入 4 升营养液。营养液的成分,在果树的不同生长时期有所变化,如在萌芽、开花期,可灌尿素溶液;在花芽分化期,可灌磷酸二铵,再加适量的硫酸钾营养液;在果实膨大、成熟前,可灌磷酸二氢钾或硫酸钾营养液。一般营养液浓度为 0.5%。也可以用稀释的人粪尿等。

这种方法断根少,肥料施用集中,减少了土壤的固定作用,而且草把吸附一部分肥料可逐渐释放,从而加长了肥料的作用时间。草把腐烂后,可增加土壤的有机质。加覆地膜,可以提高土温,促进根系活动,有利于在早春发挥肥效。此法节省肥水,是经济有效、适合我国特点的施肥灌水的方法。施肥穴每年应改动位置。

(六)实行果园覆盖和种植绿肥作物

1. 实行果园覆盖

果园覆盖是指用干、鲜草等覆盖物平铺在树盘上的管理方法。采用这种方法可防止水分蒸发,保蓄水分,冬季保温,提高地温,夏季防止阳光直晒土壤,起到降温作用,土壤温度稳定又通气,有利于根系的生长。覆盖物腐烂和分解后,形成有机肥料,释放各种营养元素,提高土壤肥力。

树盘覆草,首先要整好树盘,然后将麦秸、玉米秸、山野杂草、枯枝落叶和锯末,以及温室保温用的废旧草帘等,将切碎成5厘米长的碎料,覆盖在树盘内,厚度不限。但是,为了能抑制杂草并有较好的改良土壤效果,一般覆盖物的厚度要求在25厘米以上,使杂草出土后见不到阳光而死亡。最好在冬季农闲时做好准备,到早春后,先在土面喷辛硫磷等农药,而后立即进行地面覆盖。这样,可杀死土壤中越冬的害虫。

果园覆盖,应就地取材。如日本很多栗园用破旧的垫子(榻榻米)铺在栗树下,简化了栗树地下管理,而且比一般栗园优质丰产。另外,日本一些稻区果园,用稻草覆盖,每公顷果园覆盖稻草40吨,以后每年补充10吨,效果也不错。

我国果园,多数情况是土壤有机质含量少,而且杂草丛生。因此,有条件的都应进行果园覆盖,以抑制杂草生长和害虫的发生,并且蓄水保墒,提高土壤肥力。果园覆盖后,施肥只需补充化肥,不必施有机肥。化肥可随水冲施,既方便,又省工,效果还很不错。

2. 间种绿肥作物

在幼龄果园及宽行密植的果园,果树行间光照比较好,可以种植绿肥作物,在适当的时期,把绿肥作物翻压到土中,作为果树的有机肥。

绿肥作物含有丰富的氮、磷、钾等多种营养元素,果园翻压绿肥,可使土壤有效态养分明显增多。绿肥植物在其根系生长和腐烂过程中,产生有机酸。可使土壤中难溶性养分变成可给态养分,供果树利用。绿肥作物腐烂后,可增加土壤有机质,促进微生物的活动,提高土壤肥力。其有机质分解时,可产生带负电荷的胡敏酸溶胶,有利于土壤团粒结构的形成。绿肥植物还能充分利用光能,防止水土流失,防风固沙,改良盐碱地,稳定土温。可见绿肥的作用很大。

在国外,特别是欧美发达国家,果园几乎都采用宽行密植,行间都种植绿肥。很多果园可以不再施其它有机肥,只需要利用滴灌方式滴入化肥就可以了,非常省工。由于年年种植绿肥作物,土壤的有机质达 2% 左右,果品能优质稳产。我国很多果园分布在运输非常困难的山区,要把有机肥运到山上一棵树一棵树地施入,效率很低。因此也应该采用宽行密植方式,大力推广种植绿肥的果园管理方式。

绿肥作物的种类很多,一般以具有固氮能力的豆科植物为主。在我国,秋季种植冬季生长的绿肥作物,有苕子、箭筈豌豆、草木樨、肥田萝卜、紫云英、黄花苜蓿、油菜和蚕豆等。春种夏长的绿肥,有红豆、印度红豆、绿豆、印度绿豆、响铃豆、竹豆、大叶猪屎豆、乌虹豆、饭豆和大豆等。多年生的绿肥作物,有田菁、柽麻、沙打旺、三叶草和紫穗槐等。一年生的绿肥作物在生长旺盛时深翻入土中。多年生的绿肥作物,一般高达 30 厘米时刈割,最好采用割草机刈割,留茬约 10 厘米高,每年刈割 4~6 次。割下的绿肥,可散撒于果园或覆盖于树盘中;也可以作为饲料,造肥还园。生草几年后,应进行条状间隔深翻,使牧草更新复壮。也应追施化肥,促进绿肥生长。

（七）进行根外追肥

果树除通过根部吸收养分外，还可以通过叶片和枝条吸收养分，供给枝叶吸收肥料的方法，称为根外追肥。将低浓度的肥料溶液喷施于叶面上，称叶面喷肥。此法用肥量少，见效快，对水溶性的磷酸盐和某些微量元素，还可避免被土壤固定。在干旱少雨而又无水浇条件，土壤施肥又难于溶解吸收时，叶面喷肥效果更佳。根外追肥还可以和喷药相结合，以便节省劳动力。

1. 叶面喷施营养元素肥

(1) 喷施氮肥　可喷施尿素、硫酸铵和硝酸铵，用尿素最稳定浓度为 0.3%～0.5%。在因氮而叶色浅的情况下，叶面喷肥后，叶色即能很快转绿。尿素不容易与农药发生化学变化，可以和农药混用。

(2) 喷施磷肥　可喷 0.3% 的磷酸二氢钾或 0.5% 的过磷酸钙浸出液或磷酸。一般在花芽分化和果实生长期喷，喷后可促进花芽分化和提高果品质量。

(3) 喷施钾肥　可喷 0.3% 的磷酸二氢钾、硝酸钾或硫酸钾，也可以喷 3%～10% 的草木灰浸出液，喷施钾肥可提高果品质量。一般在果实膨大期及成熟前 20 天左右喷施。

(4) 喷施铁肥　在发芽前喷施 0.3%～0.5% 的硫酸亚铁，在生长季喷 0.1%～0.2% 的硫酸亚铁或柠檬酸铁，最好是喷用 0.05%～0.1% 的螯合铁。

(5) 喷施锌肥　发芽前半个月左右，对全树喷 3%～5% 的硫酸锌，药效可维持一年。在盛花期后喷 0.2%～0.3% 硫酸锌加 0.3% 的尿素液，效果明显。

(6) 喷施硼肥　在发芽开花前、盛花期和落花期，喷施

0.1％～0.2％硼砂溶液,或 0.1％的硼酸,都有良好的效果。

(7)喷施镁肥 在展叶后喷 1％硫酸镁溶液 3～4 次,可使缺镁病株康复。

(8)喷施钙肥 在生长期用 0.3％～0.5％的硝酸钙、氯化钙或二氯化钙溶液进行叶面喷施,在采果前 3 周喷施,有利于提高果实品质及贮藏性能。用 0.75％～1％硝酸钙或氯化钙溶液,稍浸泡贮藏苹果,晾干后冷藏,可预防苹果因缺钙而引起的贮藏期苦痘病等生理病害。

(9)喷施铜肥 在发芽前喷施 0.05％～0.1％的硫酸铜溶液,或在生长期叶面喷 0.01％～0.05％的硫酸铜溶液,可给果树迅速补充铜元素,防止缺铜症的发生。

(10)喷施钼肥 在苗期和结果树萌发时,叶面喷 0.01％～0.1％的钼酸钠溶液 1～2 次,可治缺钼症。

2. 施用氨基酸液肥

根外施肥,植物的叶片和嫩茎不但能吸收营养元素的小型分子,而且能吸收营养液中较大的分子。例如,国内外有很多类型的喷施肥,以及生长激素等,喷后都能被果树直接吸收,从而起到一定的促进生长发育的作用。其中氨基酸一类的液肥,不仅能增产,而且能改善和提高果品的质量。

植物光合作用是吸收 CO_2 和 H_2O 形成碳水化合物,再和根系吸收的 N、P、S 等元素合成各种氨基酸。氨基酸是合成蛋白质、酶及维生素等有机物的重要原料。氨基酸肥料的制造是通过工业方法和微生物作用,把蛋白质水解成各种成分的氨基酸。通过叶面喷施,被植物吸收。植物吸收大分子的氨基酸,等于建筑业上用预制件建房一样,能节省光合作用的能量,增加光合作用的产物,使吸收的氨基酸直接用于蛋白质、酶及维生素的合成。氨基酸分子具有羧基和氨基,因此具有负电和正电。羧基带负电荷,可以吸附正电离子,如 K^+、Ca^{2+}、Mg^{2+}、Zn^{2+} 和 Fe^{2+} 等营养离子;在氨基上有正电荷,可以吸附 PO_4^{3-}、BO_3^{3-}、MoO_4^{2-} 和 SO_4^{2-} 等带负电的营养离子。在制造氨基酸液肥时,运用高科技手段,可生产出有机和无机营养成分相结合的液肥。这种肥液具有用量少、肥效快、果树吸收良好的优点。喷施后能促进果树养分平衡,提高果品质量。目前,氨基酸液肥具有不同的型号,有促进生长型、保花保果型、提高果品质量型等。在果树的不同时期,喷用不同类型的氨基酸液肥,可以收到提高果品质量的效果。

3. 叶面喷肥的注意事项

第一,叶面喷肥要与土壤施肥相结合,不能完全代替土壤施肥。因为根系吸收养分还是主要的,叶面喷肥只能起辅助作用。例如,喷施氮肥后,只是叶片含氮量增加,其它器官的含氮量变化很小,其作用有一定的局限性。

第二,叶面喷肥要均匀周到,使叶片正面背面都喷到,特别是叶背面,表皮气孔多,细胞壁比正面薄,更容易吸收养分,因而不能漏喷。

第三,要避开在夏天中午阳光直晒时喷洒肥液。因为液肥都是在水溶态时才能被叶面吸收,中午阳光直晒高温时,叶片气孔关闭,水分会很快蒸发,使营养元素浓度过高,造成吸收困难,还可能产生药害。下雨天时也不能喷肥。因此,叶面喷肥最好在傍晚(下午 4 时以后)进行,使果树在晚上即能很快将肥液吸收。

(八)采用先进实用灌、排水方法

果园的水分状况,与果树生长发育、树体寿命,都有密切的关系,适时灌水和及时排水,是果品优质丰产的必要条件。

果园灌水的主要时期,前面已有介绍,这里重点讲述两种比较先进实用的灌水方法。

1. 滴灌

利用管道将加压的水,通过滴头以水滴或细水流的方式,缓慢地滴入果树根系附近的土壤中。滴灌有两种滴水的方式:一种是在地上滴水。其管子和滴头都处在土地的表面。在国外,很多果园是将其挂在每棵树基部的主枝上。另一种是在地下滴水。将滴管埋入土中,滴头在土中出水。前者滴头不易堵塞,滴头是否出水可以看得很清楚,便于检修。后者滴水可直接达到根系附近,但比较容易堵塞,同时检查也相当困难。所以,前者滴水比后者好,但需要防止人为破坏。

滴灌的主要优点是省工省水。通过滴头的合理分布,滴水可渗到根系密集的全部区域,用水非常节约,不产生地表径流和深层渗漏,不破坏土壤结构,特别适合于土地不平整、地形复杂的果园采用。另外,在滴灌的同时,还可以将各种肥料溶解于水池中,通过机械加压到滴管中,在灌水的同时,可以进行追肥。所以,滴灌非常节省人工,可以同时自动完成灌水和追肥工作。作者在20世纪80年代考察欧洲国家的果树生产情况时,发现这种灌水方式在这些国家已普遍采用。其实,滴灌并不复杂,投资也不太高,应加速推广应用。

2. 喷灌

实施喷灌,利用机械和动力设备,将具有一定压力的水,通过管道送到果园,再由喷头将水喷射到空中,再以雨滴状降落到果园地面。喷灌也有两种类型:一种是喷头高于果园,喷头较少,使水喷到果树上后再落入土中;另一种是将水喷在树冠下,形成雾状,进入土壤中,又叫微喷灌。

喷灌浇水均匀,不受果园地形的影响,在砂质、砾质土壤果园应用效果更好。用水节约，基本不产生地表径流和深层渗漏，不破坏土壤结构。喷灌还可以调节果园小气候，使空气比较湿润，避免或减轻高温、低温及干热风的危害。灌水省工，效率高，也可以结合进行喷药和追肥。建设喷灌设施，一次性投资较大。为了节省开支，也可以采用移动式喷灌，以节省管道购置与铺设费用。

在灌水方面，农民积累了很多经验。例如，果农施肥采用的地膜覆盖、穴贮肥水法，便是一种省水的灌水方法。在河北遵化山区，采用"一树一库"的方法，即在山坡果树的上方挖一个深坑，拦蓄雨水，使其慢慢渗入栗树根区，被吸收利用。对于灌水常用的沟灌、树盘灌与穴灌等，也都是行之有效的灌水方法。因此，保证果树水分的需要，也是果品优质的重要条件。

土壤干旱，需要及时灌水。但在雨水过多时，土壤通气不良，根系不能进行正常的呼吸作用，引起烂根死亡，严重妨碍果树正常生长和结果。因此，雨水过多时要及时给果园排水。果园必须有排水系统。在山地果园，所排出的水应流入蓄水池、水塘或水库中，以供需要灌水时利用。

七、做好采收、包装、贮藏和保鲜工作是优质果品生产的必要环节

优质果品能到消费者手中主要有两个环节：一个是果树上能结出优质的果品；另一个是通过适时采收、包装、贮藏、保鲜的环节在市场上能供应优质果品。后一个环节也是非常重要的。

（一）采收要适时

1. 果实生长发育的规律

果树开花、授粉、受精后，果实开始生长，进入幼果膨大期，同时幼胚开始发育。很多果树以种子发育为主，如核果类进入硬核期，这时果实生长比较缓慢，在硬核期种子得到充分的生长和发育。而后进入果实第二次明显的膨大期，使果实达到该品种固有的形状和大小，逐步进入成熟期。在成熟期，果品明显的变化有以下几方面。

(1)色泽变化　一般果实在成熟期，外表底色由绿转黄，黄色品种果实变成黄色或嫩白色，红色品种表面由浅到深转为红色，紫黑色品种转为紫黑色。果实上色和光照有密切关系，光照好时，颜色鲜艳，有时向阳面呈现红色，没有照到阳光的部位还是黄绿色。果实上色是成熟的标志。

(2)硬度的变化　未成熟的果实，一般硬度大。随着成熟过程的进展，果实内部的细胞结合愈来愈松弛，原果胶逐渐分解为果胶和果胶酸，使果实内的果肉由表至里的硬度不断下

降,逐渐变软。

(3)淀粉和糖含量的转化 果实中淀粉含量的变化和成熟期密切相关。其一般规律是,果实生长过程中淀粉含量不断增加,到成熟前达到高峰。进入成熟期,果实淀粉含量迅速下降,而糖的含量很快上升。由淀粉分解成糖的过程,也是果实成熟的主要变化之一。

(4)可溶性固形物的增加 可溶性固形物包括能溶于水的糖、酸和维生素等能引起折光的混合物,可通过折光仪很快测出来。果实在成熟之前,大都是不溶性的淀粉、脂肪和蛋白质等。在成熟过程中,不溶性物质逐步变成可溶性物质。果品的风味主要取决于可溶性固形物的含量。一般可溶性固形物含量高,风味好。

(5)香味的变化 果实在成熟之前,一般没有香气。随着果实的成熟,能放出香气。在果实色、香、味的变化中,香味也是重要的表现。

2. 合适的采收时期

采收时期,对果品的质量影响很大。要生产优质果品,就必须在最合适的时期,采收果实。部分果品的采收适期如下:

(1)核桃的合适采收期 核桃的品质,主要表现在种仁饱满、出仁率高上,即核桃仁与核桃重量之比要高,种仁要饱满,含脂肪量高。但是,目前生产上都是提前采收,用竹竿把青皮核桃打下来,进行堆放后熟,以后再剥开青皮,取出核桃。其实,核桃充分成熟后,果皮和核桃之间产生离层,青皮也会自动裂开,使核桃脱落,从树上自己落下来。

据测定,北京市郊区8月中旬至9月中旬一个月内,核桃出仁率平均每天增加 1.8%,脂肪增加 0.97%;成熟前 15 天内,出仁率平均每天增加 1.45%,脂肪增加 1.05%;成熟前 5

天内,出仁率平均每天增加 1.14%,脂肪增加 1.63%。其出仁率前期比后期增加快,而脂肪含量的增加则相反。8 月中下旬,核桃出仁率增加最快,8 月 15~25 日的 10 天内,平均每天增加 2.15%。所以,如果北京地区的核桃提前 15 天采收,其产量将损失 10.64%,核桃仁损失 23.27%,脂肪损失 32.58%。这种早采的核桃,所剥出来的核桃仁不饱满,而呈萎缩干瘪状态,吃起来发涩,不香,口味很差。但有些地方出于怕核桃丢失等原因,在 8 月中旬就打核桃。由于核桃壳已发育完成,这时采收,对核桃的外表和重量影响不大,但是严重影响核桃的品质,这也是当前核桃品质较差的一个主要原因。

美国核桃,都是掉在地上后人工捡拾的。这样做,既省工,又能充分成熟。如果怕鼠害和造成人为丢失,也必须到即将脱落时才打收,最好是等到有部分核桃脱落时再打收。这样可保证核桃充分成熟。

(2) 板栗的合适采收期　板栗的采收情况和核桃一样,生产上也存在采收过早的问题。栗子充分成熟后,外面的刺苞(又叫栗棚或栗蓬)会自然裂开,栗子便从树上掉落下来。所以,最好的采收方法是捡拾栗子。充分成熟的栗子,栗实光亮,含糖量高,品质好,贮藏过程中不容易霉烂。但是,板栗落地后的情况和核桃也有不同之处,核桃掉在地上多少天后捡收都没有关系,品质不会变化。而栗子掉在地上即很快引起失水。栗子的贮藏方法,主要是沙藏,失水的栗子在沙藏过程中会引起霉烂。如果栗子在树下只是风干一天,失水 11.2%,沙藏时还并不发生霉烂。如果风干两天,失水 19.0%,沙藏后则有 26.7% 的栗实发生霉烂。风干三天,失水 25.4%,沙藏后就会有 80.0% 的栗实会霉烂。如果风干五天以上,沙藏后会全部霉烂。因此,对板栗最好的采收方法是,每天清晨起来捡一次栗子,这样,既能保证栗子的充分成熟,又不会风干。

我国很多板栗产区,采收板栗运用打栗棚的方法,把刺苞打下来,很多地方是在刺苞成熟前就把它打下来,而后堆放在一起后熟约10天,待刺苞开裂后,取出栗子。采用这种方法,如果打得太早,则严重影响栗子的品质,栗子也容易在贮藏过程中霉烂。日本有位经营板栗的甘栗太郎来中国参观板栗采收时说:"我看到你们打不成熟的栗苞,等于在打我的脑袋。"由于成片栗树其成熟期不一致,即使一棵树上也有一部分栗苞已经变为黄色,成熟了,但有的栗苞还是青色的,尚未成熟,打下后在堆放过程中也往往不能裂口,需要用脚踩开刺苞后,才能取出栗子。这种栗子含水量高,表皮角质化差,病菌容易侵入而产生霉烂。同时,含糖量低,风味也差。

对板栗的正确采收方法是,前期捡栗子,而且必须每天捡拾,不能让栗子风干。捡回的栗子,要立即放入沙藏坑中,实行低温(15℃以下)保湿。到后期,树上还有一部分即将开裂的栗棚,即可打落下来,堆放开裂后再取栗。总之,采收时期过早,是当前影响板栗品质的一个严重的问题,必须加以纠正。

(3)桃的合适采收期 桃果固有的风味和色泽等优良性状,主要是在树上的生长发育过程中形成的,采收后不会因后熟而增进品质。因此,采收过早,品质差。但是,过分成熟的桃果,不耐运输,容易碰伤。同时,落果多,也影响产量。目前,生产上一般将桃果成熟度分为五级:

①**六成熟** 即果顶开始着色,缝合线及两侧着色或阳面刚刚着色。果面茸毛多,为绿色,果形瘦长。果肉硬,较薄,风

味很淡,不易采摘。

②七成熟　果实底色即将由绿色转为白(淡)绿色,果实已充分发育,果面基本无坑洼,比较平展,但茸毛较多。

③八成熟　果面绿色已减褪成淡绿色(发白),茸毛减少,着色艳丽。果肉丰满,稍硬,果实风味已经基本表现出来。

④九成熟　果实已表现出品种的特性,如橙黄色,或乳白色与白色,茸毛很短,且稀少。果面已充分着色。果肉弹性大,有芳香,已经表现出品种的特有风味。

⑤十成熟　白肉品种果实底色呈乳白色,黄肉品种果实呈金黄色,红色品种果实全面着色。茸毛易脱落。果肉柔软,芳香味浓郁,是鲜食品种品质最佳的成熟度。

由以上情况可见,对桃来说(杏、李也是同样),成熟度越高,品质越好。所以,在观光果园,人们可以采收到最可口的十分成熟的桃。另外,也可以根据个人的需求,采到适口的水果。为了在运输中避免损失,采收时间可适当提前,但不宜过早。一般就地销售的鲜食品种,宜在八九成熟时采收;远距离外销的鲜食品种,宜在七八成熟时采收。但是,对于硬肉型的桃,近距离应在九成熟,远距离应在八成熟采收。

(4)樱桃的合适采收期　樱桃的采摘时间,一般都从外表颜色来决定,上色即采,实际上还是偏早。樱桃在树上很不容易脱落,采摘时期不一定要很集中。从果实的品质来说,从上色到 10 天以后,含糖量和风味都不断提高,可溶性固形物含量可提高 3～4 度。比如刚上色时,樱桃的可溶性固形物含量为 12 度,经过 10 天以后,其含量可达 15～16 度,甜味明显增加。所以,樱桃很适宜发展观光果园,可使观光者采摘到高质量的美丽果实。

延迟采摘的樱桃,其颜色也有明显的变化。黄底色的樱桃由于彻底上色,使红晕扩大呈红色,因而更加艳丽;红色品种则逐步由红变紫。作者在加拿大樱桃园采摘,那里由于劳动力缺乏,大部分樱桃采摘都很晚,樱桃园内绝大部分品种的果实,都呈紫色或紫红色,成熟度高,香味浓而极甜。看来要提高樱桃的品质,必须晚采。晚采收的樱桃比较软,不耐长途运输,所以,要根据市场的远近来决定采摘时期。在基本不影响正常销售的前提下,应该提倡晚采收,以便有利于提高樱桃的品质。

(5)枣的合适采收期 枣有加工枣和鲜食枣之分。加工枣一般在完全成熟后采收。鲜食枣近几年发展很快,往往由于不了解采收时期而影响品质。以沾化和黄骅的冬枣为例,成熟过程可分为白熟期、脆熟期和完熟期三个阶段。

①白熟期 果皮褪绿,呈绿白色,再转成乳白色。果实的体积和重量已达到最高值,不再增加。果肉比较松软,汁较少,含糖量较低,可溶性固形物含量为21%。果皮薄而柔软,果实煮熟后果皮不易与果肉分离。

②脆熟期 在白熟期以后,果皮自梗洼、果肩开始逐渐由白变红。一般光照好的位置先红,光照差的晚红,形成红白相间状,这是果皮中花青素作用的结果。果肉中含糖量很快增加,可溶性固形物含量增加到37%,质地变脆,汁液明显增多,风味较浓,肉色仍呈乳白色,稍带绿色。果皮略有增厚,果实煮熟后,果皮容易与果肉分离。

③完熟期 在脆熟期后,果皮中花青素增加,果面全部上色,颜色加深。果实继续积累养分,果肉含糖量增加。果柄产生离层,与果实连接的一端开始转黄而脱落。果肉颜色乳白色,不带绿色,在近核处呈黄褐色。质地从近核处向外变软,枣香味增加,含水量下降,脆度降低。

鲜食冬枣采收时期过早或过晚，都影响品质，品质较差。在脆熟期采收，则能达到冬枣的四大特点：糖度高，风味好，含汁多，果肉脆。国际上称其为珍奇名果。

（6）猕猴桃的合适采收期　猕猴桃中有少数品种，采下来即可以食用，比较容易判断其成熟度。但大多数品种必须贮藏一段时期后，才能食用。如何使猕猴桃在贮藏后能达到最佳的风味，同时在贮藏期间又不腐烂变质，这与采收时期有很大的关系。如果采收过早，贮藏后味酸而不甜，品质很差，同时贮藏时也容易变质；采收过晚，果实硬度下降，也不耐贮藏。所以，猕猴桃适时采收尤为重要。

猕猴桃成熟的外部形态，包括个头达到最大程度，着色一般呈棕褐色或褐色。种子呈褐色或黑褐色。维生素 C 和淀粉的含量下降，糖的含量增加，可溶性固形物也增加。通过可溶性固形物含量多少，来决定采收时期最为准确。猕猴桃可溶性固形物的变化有四个阶段，即微量增长、活跃增长、迅速增长和渐缓增长。前期增长慢，中期增长加快，后期增长又缓慢，贮藏期间也不断增长。以生产上最多的秦美品种为例，9月中旬采收，可溶性固形物含量只达到 5%，硬度虽好，但极酸，不可食用，又不耐贮藏。秦美品种的最佳采收期，在陕南为 10 月中旬，此时可溶性固形物含量为 7%。这种猕猴桃采收贮藏后，可溶性固形物含量进一步提高，能达到 12%，耐贮藏，果品质量好。新西兰猕猴桃海沃德品种，可溶性固形物含量在 6.2% 时，是最佳的采收时期。新西兰在每年猕猴桃收获季节，都要对 100 个果园进行抽样测定，达到采收指标，由新西兰猕猴桃管理局发给果实合格证后，方可采收。这样，运到世界各地的猕猴桃，都品质优良和整齐一致。

（7）葡萄的合适采收期　葡萄果实由小变大，果粒由硬变软,并长至该品种固有大小时,为其果实成熟的前兆。待有色品种开始着色,并表现出该品种固有的色泽,而无色品种则表现出金黄或淡绿色,果粒半透明,果粉均匀,果肉具有本品种固有的含糖量和风味,种子变成褐色,即表明葡萄已经成熟,可以采收。

葡萄果实采后用途不同,要求采收的成熟度也不一样。一般要远距离供应市场的,则只要糖酸比合适,风味好,外形美观,达八成熟,即可采收。制干用的葡萄,则要求完全成熟,并以过熟为好,因为这种葡萄含糖量大,出干率高,质量好。用于酿酒的葡萄,因所要酿造酒的类型不同,对果实的糖酸含量的要求也不同。如酿制白兰地葡萄酒,浆果含糖量应达 16%～17%,含酸量为 9～11 克/升;做甜葡萄酒的,则以含糖量不低于 20%,含酸量不高于 5～6 克/升为宜。因此,酿酒葡萄的采收时期,要按酒厂制酒的需要,来确定采收成熟度和采收期。

(8)柑橘的合适采收期 柑橘种类很多,适时的采收时期各不相同。以温州蜜柑为例,一般外销的鲜食品种,以果面有 2/3 着色,果实未变软,接近成熟时采收为宜。2/3 着色的柑橘,在运输过程中很快能全面着色,风味也能进一步提高。但采收过早,果面还未转黄,则含糖量低,含酸量高,风味和香气都差。过晚采收,则贮运过程中容易霉烂,也影响果品品质。在本地销售的温州蜜柑,可以待果面全面着色后采收。

柑橘在树上挂果成熟后也不脱落,但是大量果实需要消耗树体的水分和养分。由于同一棵树果实成熟期有差别,例如有的果实已经上色,有的才开始上色,有的还未上色。这样,果农采收柑橘时便出现两种情况:一种是分批采收,成熟一部分先采收一部分,不成熟的晚一点采收。这在总体上采收还是比较早。另一种是,对先成熟的柑橘暂不采收,等到果实完全成熟后,一次性采收。这两种方法产生的结果如图28所示。

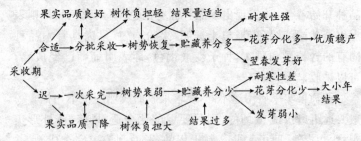

图28 采收期对温州蜜柑树体的影响

从图28中看出,柑橘采收期合适,进行分批采摘,可减少树体的负担,使果树恢复生机,叶片制造的养分能贮藏到根部和枝干内。使树体的耐寒性增强,第二年发芽好,花芽分化多,从而可以达到优质和稳产。如果采收过晚,一次性采完,则树体长期负担大量果实,母体贮藏养分少而树势衰弱,耐寒性差,翌年春季发芽弱小,花芽分化差,果实产量不稳定,同时也影响柑橘的品质。因此,分批采收柑橘,对品质、产量和树体都有好处。

以上情况说明了果树采收时期与果实品质的关系。对大多数果品来说,必须在表现出本品种的特性时采收。果实采收过早,则味酸,甜少,缺乏果香味,品质差;果实采收过晚,则不耐贮运,容易腐烂,品质也下降。所以,对果实必须适时采收。

3. 强行化学催熟不可取

植物生长调节剂中的乙烯,能促进果实成熟,起到催熟作用。人工制造的乙烯利(CEPA),化学名称为2-氯乙基膦酸。用水稀释喷洒果树后,能放出乙烯,可促进果柄离层形成,使果实提早成熟、软化和上色。在果实正常采收后再进行处理,也是可以的。例如,普通柿子采收后,对其喷布乙烯利,并盖上塑料薄膜,可很快脱涩变软,即可食用。青皮核桃打下后堆放时,对其喷布乙烯利,而后盖上塑料薄膜,过 1～2 天,青皮即能自动开裂,容易取出核桃。猕猴桃果实软化速度很慢,采收后需长时间贮藏,为了使果实在短期内达到可食用的硬度,也可用乙烯利 100～500 毫克/升浓度液喷布处理果实,并在 20℃下放置 12～14 小时,再在 15℃～20℃下放置一周,即可达到食用熟度。

必须指出,目前有些商人及果农,为了使一些早熟果品提早上市,抢占市场,卖个好价钱,也用乙烯利处理果品,进行催熟。这种手段是绝不可取的。其原因是:未成熟的果实内养分含量少,催熟后只是改善表面着色,而不能增加内含的养分,从而降低了果品的质量。特别对于一些用温室和塑料大棚生产的果实,由于棚内光照条件不佳,本来质量较差,如果再用乙烯利催熟,提早采收,则品质更差。所以,为了提高早熟品种果实的质量,包括草莓、番茄和甜瓜等,绝对不能用乙烯利催熟。只有这样,才能保证果实的品质。

(二)精心采收与包装

1. 果实采收要完好无损

果实的采收,除少数诸如核桃、板栗和仁用杏类的果实,除了可用自然脱落或人工振落法采收以外,大多数要用人工采摘。在采摘前,要剪指甲,戴手套,以免指甲损伤果实。采摘时,果园内要进行清理,通道要畅通。对一棵树来说,先采外围果后采内膛果;先采下部的果,后采上部的果。对高大果树,要利用轻便高梯采摘高枝上的果实。采果的容器,可挂在胸前或大树枝上。最好采用底部能打开的采果桶装载采下的果实。欧美国家常用的采果袋,上部是硬质塑料桶,下部是布袋,底部设有可以开关的口子,果实能从下口流入较大的果筐内。这种采果袋装量一般为 5 千克,挂在胸前,作业比较方便,果实可以从采果袋慢慢流到果筐内,不受伤害。我国果区采果时多用篮子,果实装满篮子后再往果筐内倒,容易擦伤果皮。对于浆果类软质水果,例如葡萄、草莓、枇杷、杨梅和树莓等,采收时更应该仔细。采收葡萄时,一般左手拿住果穗,右手持剪刀将果穗剪下,可直接轻轻地把它放入塑料果盒内。穗梗不能直立向上,而应横向放置,使穗梗剪口靠近盒壁,避免穗梗刺伤果粒。在操作过程中,不能碰伤果皮和擦掉果霜(粉),以保持葡萄外形美观。对盛装葡萄的果盒,不能太大太深,一般深度不超过 20 厘米,以能横放 2~3 层果穗即可,以免互相压伤。草莓必须分期分批采收,并且要采收基本全面上色的成熟草莓,并将其有顺序地排列在果盒内。

大多数的果实,采收时要连果柄一同采下。例如苹果成熟时,果柄与果枝间产生离层,采收时用手向上一托,或顺着左右方向采摘,苹果即可脱落。如果将苹果垂直往下拉,则容易使果实脱离果柄;而不带果柄的苹果在上部有一个伤口,菌类容易侵入,在贮藏期易产生霉烂。所以,无论是苹果和梨,还是桃子和李等果品,采收时都要带有果柄。

从采收时间来说,对于要立即贮藏的果实,最好在早晨采收,切忌在太阳暴晒和雨天时采收,冷凉干燥的果品比较耐贮藏和保鲜。从果园到分级包装的场所,最好用小型机器运输,以提高工作效率。

2. 严格分级与精心包装

(1)严格分级 分级就是对果实的质量好坏分成不同的等级,以便销售时按质论价。一般鲜食果品其颜色应具备本品种的特点和无伤残果实,而后按果实的大小进行分级。例如,中小型国光苹果品种,一般是果实直径在 65 毫米以上为一级果,直径为 60～65 毫米的果实为二级果;直径为 55～60 毫米的果实为三级果;直径在 55 毫米以下的果实为等外果。大型果品种,如富士苹果,直径在 80 毫米以上的果实为特级,直径在 70～80 毫米的果实为一级,直径为 65～70 毫米的果实为二级,直径为 60～65 毫米的果实为三级等。有时人们不将果实分为一、二、三级,而直接称果实的直径毫米数,如称直径为 80 毫米的苹果为"80 果",称直径为 85 毫米的苹果为"85 果"等。也有一、二、三级在一起的混级果。

果实的人工分级,在通过形状和颜色选择,并将伤残果剔除以后,最常用的简单分级办法是"卡级板"法。在木板或塑料板上开出不同直径的圆孔,使用该板分级时,把果实拿到"卡级板"上卡一下,在大一级孔上能漏下去,而在小一级孔上漏不下,此果实就是与此直径相对应的级别。

现代化的果实分级机,可以按果实的形状、色泽、重量和直径大小等项目,进行精密分级。这类自动化分级机往往和果实的清洗、涂料、打蜡与包装等工序联合在一起进行。这在苹果和柑橘上应用较多。

(2) 精心包装 对果实进行包装,有两个作用:一是对果实起保护作用;二是作为商品的装潢,具有品牌和美观作用。从保护果品质量来说,前者是最主要的。

保护果品,首先要使果实不碰坏。果实与果实之间,以及果实与包装物之间,不应产生磨损。所采用的方法,最普遍的是用软纸将每个果实包起来。对套袋果实,采收时也可将果实连同纸袋一起采下来装箱。如黄色的苹果和梨等品种,采收后进行观察,只要无伤残,对合格者即可利用原有口袋来保护。目前最好的护果方法是，用气泡状的塑料软质网袋，将每个果实套起来。这种网袋有伸缩性，不同大小的果实都能适用。套上网袋后，可有效地防止磨损，同时也可以使消费者一目了然地看清果实的外观；不像用纸包裹的果实，必须将纸打开才能看清楚果实的真面貌。泡状塑料网袋目前在国内外被普遍采用，是最理想的基本包装材料。

另外，对于比较高档的果品，可以用泡状塑料凹坑托盘包装。例如，每一个托盘有 20 个凹坑，果实可放在凹坑内，每层能放入 20 个果实，可以几层托盘放在一个包装箱中。目前，柑橘多采用聚乙烯薄膜袋包装果实，可减少果实的呼吸强度和水分蒸发，降低自然失重损耗，减少果实之间的病菌相互传播的机会，以及果实与果实之间、果实与果箱之间因摩擦而造成的损伤。

包装容器要求比较牢固，便于运输。一般不宜用编织袋等软包装。最普遍用的是厚纸箱（瓦楞纸箱），各种大小类型的纸箱，可做成装潢美观的礼品箱。外包装不仅要吸引人，而且还要选定适合的标志，便于建立商标和品牌，促进果实长久的销售，以优质的果品提高商品的信誉。并在国家工商总局及专利单位注册登记，扩大知名度，形成优质优价的品牌，提高市场占有率和经济效益。另外，要有塑料或木质、竹编的周转箱，供零售果实用。箱底和四周要有软质衬垫物，果品上柜后不必再倒换。周转箱必须牢固，可反复使用。最好是果园和果品销售店联营，以减少倒运环节，提高销售果品的质量。

（三）科学贮藏保鲜

1. 果品在贮藏保鲜过程中品质的变化

由于果品一般不可能在采收后立即被消费掉，所以，贮藏保鲜是保持果品质量的重要环节。由于果实采收后还处于生活状态,在贮藏过程中还进行着新陈代谢,发生着一系列生理生化的变化。从品质上讲,大多数果品还是以新鲜的为好。但也有一部分果品有后熟作用。例如香蕉、杧果和猕猴桃等,在贮藏运输过程中,淀粉能转化成糖,香气和风味会变得更好。柑橘贮藏2个月能消耗酸,而糖分基本不消耗,使糖酸比能相对提高。但是,如果贮藏时期过长,超过4个月,柑橘品质则会变差。所有果品,包括猕猴桃、杧果和香蕉,都不宜贮藏时间过长,以免品质变坏。贮藏保鲜时期的长短,主要取决于果品的原有特性和贮藏的条件。

2. 果品原有特性对贮藏保鲜的影响

影响果品贮藏保鲜的因子很多。以温州蜜柑为例,影响果品贮藏保鲜效果的果品原有特性,主要有以下几个方面:

(1)品种特性 温州蜜柑的不同品种,其贮藏性不一样。通常较晚熟品种比早熟品种耐贮藏;高糖品种较低糖品种耐贮藏;减酸慢的品种比减酸快的品种耐贮藏。

(2)砧木特性 不同砧木对温州蜜柑果实耐贮藏性的影响有差别。用枳作砧木的果实最耐贮藏。

(3)树龄和树势 青壮年树的果实,比幼树、生长过旺的树和衰老树所结的果实耐贮藏。树势强的植株所结果实比生长势弱树的果实耐贮藏。

(4)结果量 结果过多,肥水跟不上,果实小、色泽差,也不耐贮藏。过大的果实容易产生生理病害,不如中等大小的果实耐贮藏。

(5)结果部位 同一株果树结的果实,通常向阳面的果实比背阳面的果实耐贮藏;树顶端、中部和外围所结的果实,比树冠下部和内膛结的果实耐贮藏。

(6)果实成熟度　未成熟和过分成熟的果实,均不耐贮藏,八九成熟的果实贮藏最适宜。

(7)肥水条件　施肥不但影响果实品质,而且也影响贮藏性。在施氮的同时,多施钾肥,使果实的糖、酸含量提高,色泽鲜艳,芳香味增加,其耐贮性也增强。反之,施氮肥时不施钾肥,而增施磷肥,果实的糖酸含量降低,果实的耐贮性也降低。灌水对果实贮藏也有影响。凡根据需要进行科学灌水的温州蜜柑园,其果实品质和耐贮性好。若在采前几周灌水太多,则会影响果实成熟,出现着色差,不耐贮藏。

(8)其它栽培条件　经修剪、疏花、疏果后留下的果实,由于通风透光条件好,因而果实充实,品质好,而且耐贮藏。果实采前喷杀菌剂和生长调节剂或其它营养元素,可增强果实的耐贮性。

(9)环境因子　气温能影响温州蜜柑的耐贮性;冬季气温太高,果实色淡,酸少,影响贮藏性;冬季连续适度低温,可改善果实品质,提高贮藏性。但如果温度过低,为$-2℃～-3℃$时,果实在树上受冻害而不耐贮藏。此外,果实发育期间高温,会使果汁内酸含量减少,成熟提早,贮藏性也下降。秋季温差大,果实内含糖量增加,耐贮性也提高。光照对果实品质及耐贮性也有明显的影响。在果实发育期连续阴雨,果实耐贮性差;光照好,果实着色好,耐贮性也提高。天气干旱后遇大雨,果实在短时间迅速生长,会使果皮组织疏松,果实容易腐烂。

(10)采收质量　采收果实时轻拿轻放,果实表皮不受伤,采收质量好,果实耐贮藏。反之,果实不耐贮藏。

以上是温州蜜柑在贮藏保鲜前所涉及的各种因子对贮藏性的影响。其它果品的贮藏性情况,也与此基本相似,有些因素更为重要,例如桃、杏、李、枇杷和葡萄等,采收时比柑橘更容易受伤,如果不加注意,对贮藏的不良影响更大。

3. 低温保鲜

(1)果实呼吸作用与温度的关系　果实的生命活动,主要表现为呼吸作用。呼吸作用的强度和温度有关。在一定范围内,温度越高,呼吸作用越强。果实呼吸作用使糖分解,形成二氧化碳和水,同时放出热量。放出的热量使温度逐步升高,又促进呼吸作用的增加;而呼吸作用的增强,又使温度升高。这就形成一种化学上的反馈,使果内的糖及养分不断分解,从而导致品质的下降。在呼吸作用过程中,也产生乙烯。乙烯是一种促进果实成熟、衰老的气相植物激素,使果实硬度下降,甚至腐烂。

(2)低温贮藏是抑制果品呼吸作用的最好方法　抑制果品呼吸作用,最好的方法是进行低温贮藏。一般北方果品,如苹果、梨、葡萄、枣、猕猴桃和板栗等,一般在0℃左右贮藏是比较合适的。不同品种的果品,其冷藏方法有所不同。例如猕猴桃,采后首先要预冷,因为在常温下延长一天,就相当于缩短冷藏条件下10～15天的贮藏寿命。若在常温下存放3～5天,即失去贮藏价值;存放7天,果实即开始变软。所以,猕猴桃采收后要迅速预冷,及时入库。最好是随采随预冷。具体做法是:分批入库,在库内进行强制通风,用高速的冷风使猕猴桃迅速冷却。经过预冷后,再将猕猴桃装箱贮藏。冷藏的温度以0℃±2℃为宜。

鲜食枣也要进行迅速预冷,而后把它贮藏在−2℃的温度下。由于枣的细胞中含可溶性固形物的浓度高,所以即使在−2℃的温度条件下也不会结冰,细胞不会冻死,而且在−2℃下比0℃时呼吸作用更低,保鲜效果更好。

苹果和梨等果实，一般可以装箱后放入冷库。但纸箱等也不能封闭过严，要有通气孔，使冷空气能较快地渗入箱内，以免使放入冷库的果品包装箱内，长时间处于温度较高的状态。

(3)低温利用的途径　低温的产生和利用有如下两个途径：

①**利用自然冷源**　在冬季，利用自然低温，挖沟或挖窖，多数挖半地下窖贮藏果品，容易保持低温和提高空气湿度。在初冬季节，白天阻止热空气进入窖内，晚上促进冷空气进入窖内。在寒冬季节要适当保温，使温度保持在0℃左右。贮藏窖内要安装通风设备，在需要降温时，排出热空气，吸进冷空气；在需要增温时则排出冷空气，吸进热空气，以便利用昼夜温差进行温度调节。

利用自然冷源贮藏果品，场所构造简单，建造成本低。一般可以把它造在住房的北边，使之管理方便。但它受自然条件限制，只能在气温较低的季节应用。其贮藏方法和技术措施，应在使用中不断完善和改进。

②**利用冷库贮藏**　也就是利用机械制冷设备，造成低温环境，用以贮藏果品。首先，冷库要有长期性的建筑库房，并具备很好的绝缘隔热设备。为了提高隔热性，在建筑上要用加气混凝土和膨胀珍珠岩来隔热。内壁隔离层最好用聚氨酯泡沫塑料，或聚苯乙烯泡沫塑料，或聚氯丙烯泡沫塑料。其中聚氨酯泡沫塑料隔热性能最好。机械制冷采用压缩机，用人工制冷方式，将库内的热量，包括果实内释放出来的热量，通过压缩机转移到库外，可稳定地维持库内的低温状态。

冷库低温贮藏，是果品贮藏保鲜的主要方法。作者在法国苹果产区，看到当地每家每户的果农几乎都有冷库，果品成熟后不必着急销售,先入库,从 11 月份冷藏到翌年 4 月份,在半年时间内,可根据市场的需求逐步出库。库内的温度保持 0℃±1℃,苹果和梨贮藏保鲜效果很好。我国鲜枣产区沾化县,原来是相当贫困的地区,近几年来生产优质冬枣,很多枣农也建起了家庭冷库,鲜枣成熟后即采收入库预冷,并在冷库中贮藏。他们在冷库中放一个盛水的小缸,使缸内水面结一层薄冰,即可使库内温度保持在 -1℃～-2℃,从而能将鲜冬枣贮藏保鲜到翌年元旦,技术条件好的能贮藏到春节。虽然冷库需要一定的成本,但家庭小冷库投资并不高。随着果农收入水平的提高,应该普及小冷库的建设。这也是当前提高果品质量的一项重要措施。

(4)南方果品挂树保鲜 南方果品也需要低温贮藏,但温度要适当高一些。例如温州蜜柑,最适宜的贮藏温度是 6℃～10℃。柑橘果实成熟过程,具有与其它果品不同的特性,即没有一个明显的呼吸高峰。所以,其果实成熟期较长。利用这一特性,生产上可将已成熟的果实继续留在树上。由于冬季气温低,果实在树上也和冷藏保鲜相似,可分期分批采摘。挂树保鲜要注意以下几点:

①**防止冬季落果** 为了防止冬季落果和果实衰老,在果实尚未产生离层前,要对植株喷布 1～3 次浓度为 20～50 毫克/升的 2.4-D 溶液。一般温州蜜柑可在 10 月底喷第一次,相隔一个月后再喷一次,就有明显的效果,可以抑制果柄产生离层,果实不脱落。

②**加强肥水管理** 在 10 月上中旬重施一次有机肥,可有利于保果和促进花芽分化。如果冬季干旱,则必须灌水,以防果实因缺水而萎蔫和脱落。只要肥水能跟上,一般不会影响来年的产量。

③ **防止果实受冻**　冬季气温在0℃以下的地区,通常不宜挂树贮藏。

④ **掌握好挂果期限**　在树上挂果到春节以后,由于气温上升,呼吸作用加强,果内营养物质开始分解,品质下降,所以,一般温州蜜柑在春节前采完为宜。

总之,低温贮藏主要适宜秋季或秋后成熟的果品。对于春、夏季成熟的果品,如樱桃、桃、杏、李、荔枝、龙眼和草莓等,一般以新鲜果品供应市场,但冷藏也能适当延长供应期,起到保鲜作用。春、夏季果品冷藏的温度,一般不能太低,贮藏时间也不宜过长。

4. 气调贮藏

把水果放在一个相对密闭的贮藏环境中,同时改变和调节环境中氧气、二氧化碳和氮气等气体成分的比例,并稳定在一定的浓度范围内,使水果能贮藏较长的时间。这样一种贮藏方法,称为气调贮藏。气调贮藏,又称"C、A"贮藏。

气调的目的,也是抑制果品的呼吸作用。水果的呼吸作用,是吸收氧气,放出二氧化碳的过程。如果空气中减少氧气,增加二氧化碳气,或者增加呼吸作用不需要的氮气,则能抑制呼吸作用。但是要注意,如果氧的浓度过低,特别是二氧化碳的浓度过高,虽然能抑制呼吸作用,却也容易产生对细胞组织的毒害。气调贮藏一般要和冷库贮藏结合起来。从两方面来抑制呼吸作用,就能获得良好的叠加效果。气调贮藏,由简单到复杂,有以下三种方法:

(1) 塑料袋贮藏法　塑料袋内是一个小的气调库。塑料袋膜的厚度以0.04～0.08毫米为宜。口袋容量大小影响气体的成分。容量太小,则袋内氧降得少,效果差;容量太大,易出现缺氧和二氧化碳过高而中毒。一般容积以在贮量为10～

25千克为宜。可以将塑料袋放在果筐或纸箱内。只有装入已经预冷的果品后,才能把它放在冷库内贮藏。塑料袋贮藏还有利于保持空气湿度,使保存的果品不易萎蔫失重。

(2)塑料大帐贮藏法 用塑料薄膜压制成具有一定体积的方形帐子,扣在果堆或果垛上,将果品密封起来,造成帐内氧浓度的降低、二氧化碳浓度升高的环境。大帐可设在冷库中或冷窖中,薄膜厚度为0.1～0.25毫米。大帐可存容500～3 000千克果品。一般每立方米容积可放果500千克,最普通的一个大帐可装果2 500千克左右。塑料大帐可以抽气和充入氮气,也可以在下边设留出气孔,以排出二氧化碳。常利用硅窗来自动调节气体成分。

硅窗气调,是在塑料大帐上或塑料口袋上,镶嵌上一定面积的硅橡胶薄膜,用以进行气调贮藏的方式。硅橡胶薄膜的透气性比塑料薄膜高几十倍,最大的特点是有选择性能。硅窗特别容易透过二氧化碳而不容易透过氮气。使氮、氧、二氧化碳三种气体的比例分别为1：2：12。硅窗镶嵌在大帐的不同部位上,每贮藏1千克果实,在冷库内需要0.8～1平方厘米的硅窗。在贮藏过程中,果实的呼吸作用消耗氧气,放出二氧化碳,当氧气过低时,氧气可通过硅窗进入帐内;当二氧化碳过高时,二氧化碳可通过硅窗透出,进入大气中。从而使二者的比例保持在一定的范围内,适宜于果实保鲜。

(3)自动气调库贮藏法 气调库贮藏,要有隔热性好的恒温库,要有制冷恒温系统、气调系统和恒湿通风系统。这些设备和设施,都要由电子计算机调控和监测。自动气调库贮藏设备先进,机械化、自动化程度高,贮藏规模大,贮藏期长,保鲜效果好。

用自动气调库贮藏果实,其关键是要使库内温度、氧和二氧化碳浓度三者配合恰当。不同果品对温度、氧和二氧化碳所需要的条件是不同的，得出最佳的气调技术指标后，才能进行大规模的贮藏。例如杧果，最好的贮藏条件是温度 13℃，2%～5% 的氧，1%～5% 的二氧化碳，加上适量的乙烯吸收剂。在这种贮藏条件下，可极大地延长杧果的供应期。

5. 降低乙烯浓度

前面讲的低温和气调，对果品贮藏保鲜是最为重要的两个条件。但是，还要考虑乙烯的作用。在果品贮藏过程中，只有降低空气中乙烯的浓度，才能排除乙烯的催熟作用。特别是杧果和猕猴桃等果品，乙烯很容易产生反馈作用，即在贮藏过程中果实放出乙烯，对果实起催熟作用；在果实催熟时，又能放出更多的乙烯加速催熟。这种反馈作用进展很快，短期内即可引起贮藏果品品质下降，甚至大量腐烂。

吸收乙烯，降低乙烯浓度的方法是，在包装箱内放一包乙烯吸收剂。乙烯吸收剂的简单制备方法如下：将泡沫砖打碎成小块，大小为 1～2 厘米，作为高锰酸钾的载体。把高锰酸钾溶于 40℃ 的水中，用 10 升水溶解 0.5 千克的高锰酸钾，形成饱和溶液。泡沫砖孔隙多，吸收高锰酸钾也多。如果用珍珠岩作载体则更好。珍珠岩小而轻，吸收高锰酸钾更多。将载体放在高锰酸钾饱和溶液内浸泡 10 分钟，捞出沥干，即成为乙烯吸收剂。高锰酸钾是氧化剂，能使乙烯氧化而被吸收。将制备好的乙烯吸收剂装入纸袋中，每袋装 50～200 克，放入果品箱（盒）中，可有效地抑制乙烯的催熟作用。

6. 防止贮藏期病害

引起果实贮藏期间霉烂的原因之一是微生物的侵染。解决这个问题，要从三个方面着手：

（1）选择健康完好的果品入库 有的果实在贮藏之前已

经感染病害,在贮藏过程中发展和表现出来。对于这类病虫果,必须严格剔除。另外,还有裂果和机械损伤的果实,在贮藏前已经进入了微生物,入库后很容易发生霉烂,因此,也必须将其清除。

(2)对冷藏环境彻底消毒 在果品贮藏之前,要对库房进行彻底清扫和消毒。同时装果用的容器等也都要进行消毒。消毒时,用喷雾器,将1‰浓度的新洁尔灭,或用4‰的漂白粉溶液,或用1‰的福尔马林溶液,均匀地进行喷布。然后,最好再用高锰酸钾与甲醛反应后产生的烟雾,对库内进行熏烟杀菌,封闭24小时,以求彻底消毒。

(3)对贮藏果实进行杀菌处理 很多果实由于带有病菌,而在贮藏期间发生腐烂。以前,常采用杀菌剂处理果实,其目的在于防止贮藏果实发生腐烂。为了防止农药污染果实,可采用其它的物理方法给果实杀菌。例如荔枝果实,可将其放在98℃热水中处理3秒钟,使外果皮的病菌被杀死。此时,荔枝外壳的红色发生变化,可以再用浓度为5‰的食用柠檬酸加2‰食盐水,浸果数十秒钟,使外壳恢复到原来的颜色。再经冷库预冷后,将果实包装好,放在3℃~4℃温度下贮存。采用此法可使荔枝保鲜15天以上。

参考文献

1 姜国高.果树营养病害.北京:中国林业出版社,1992

2 高新一,荣子其.果树嫁接图说.北京:中国林业出版社,1993

3 高新一,王玉英.樱桃丰产栽培图说.北京:中国林业出版社,1998

4 高新一.板栗栽培技术.北京:金盾出版社,1998

5 农业部发展南亚热带作物办公室.中国热带南亚热带果树.北京:中国农业出版社,1998

6 高新一等.枣树高产栽培技术.北京:金盾出版社,1998

7 朱道圩.猕猴桃优质丰产关键技术.北京:中国林业出版社,2000

8 龙兴桂等.现代中国果树栽培.北京:中国林业出版社,2000

9 高新一.果树嫁接新技术.北京:金盾出版社,2001

10 周正群等.冬枣无公害高效栽培技术.北京:中国农业出版社,2002

11 姜远茂.果树施肥新技术.北京:中国农业出版社,2002

12 李三玉.20种果树高接换种技术.北京:中国农业出版社,2002

13 沈兆敏等.温州蜜柑优质丰产栽培技术.北京:金盾出版社,2002

14 陈伦寿等.蔬菜营养与施肥技术.北京:中国农业出版社,2002

15 欧良善.荔枝无公害生产技术.北京:中国农业出版社,2003

16 杨福银等.果树优新品种选择指南.北京:中国建材出版社,2003

17 高新一,王玉英.果树林木嫁接技术手册.北京:金盾出版社,2006